1. 黑粉虫幼虫
2. 黑粉虫幼虫
3. 黄粉虫幼虫
4. 黄粉虫与黑粉虫杂交虫

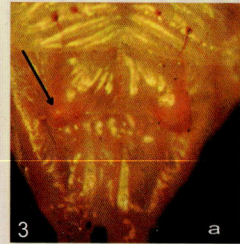

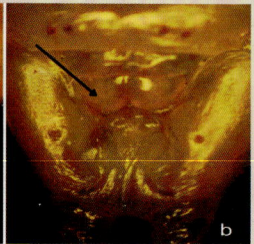

1. 触角区别 (a. 黄粉虫 b. 黑粉虫)
2. 示鞘翅基部小盾片区别 (a. 黄粉虫 b. 黑粉虫)
3. 黄粉虫蛹腹部末端乳突雌雄区别 (a. 雌 b. 雄)
4. 黄粉虫蛹
5. 黄粉虫成虫取食菜叶
6. 黄粉虫交尾

黄粉虫
养殖实用技术

HUANGFENCHONG YANGZHI SHIYONG JISHU

陈志国 陈重光 陈 彤 编著

中国科学技术出版社
·北京·

图书在版编目（CIP）数据

黄粉虫养殖实用技术 / 陈志国，陈重光，陈彤编著 . —北京：中国科学技术出版社，2018.1（2023.11 重印）

ISBN 978-7-5046-7821-8

Ⅰ.①黄… Ⅱ.①陈… ②陈… ③陈… Ⅲ.①黄粉虫—养殖 Ⅳ.① S899.9

中国版本图书馆 CIP 数据核字（2017）第 278549 号

策划编辑	王绍昱
责任编辑	王绍昱
装帧设计	中文天地
责任校对	焦　宁
责任印制	马宇晨

出　　版	中国科学技术出版社
发　　行	中国科学技术出版社有限公司发行部
地　　址	北京市海淀区中关村南大街16号
邮　　编	100081
发行电话	010-62173865
传　　真	010-62173081
网　　址	http://www.cspbooks.com.cn

开　　本	889mm×1194mm　1/32
字　　数	64千字
印　　张	3.625
彩　　页	4
版　　次	2018年1月第1版
印　　次	2023年11月第3次印刷
印　　刷	北京长宁印刷有限公司
书　　号	ISBN 978-7-5046-7821-8 / S・712
定　　价	20.00元

（凡购买本社图书，如有缺页、倒页、脱页者，本社发行部负责调换）

Contents 目 录

第一章　概述 ·· 1
 一、黄粉虫的应用价值 ································ 1
 二、黄粉虫的营养价值 ································ 5
  （一）黄粉虫的蛋白质及氨基酸含量 ············ 5
  （二）黄粉虫的脂肪含量和脂肪酸结构 ·········· 9
  （三）黄粉虫的常量元素与微量元素含量 ······ 10
 三、国内外黄粉虫研究及利用概况 ················ 12
  （一）国外黄粉虫研究及利用概况 ·············· 12
  （二）国内黄粉虫研究及利用概况 ·············· 13

第二章　黄粉虫的形态特征与生物学特性 ········ 15
 一、黄粉虫的形态特征 ······························ 15
  （一）成虫 ·· 16
  （二）卵 ··· 16
  （三）幼虫 ·· 16
  （四）蛹 ··· 16
 二、黄粉虫的内部结构 ······························ 18
  （一）消化系统 ······································ 18

（二）雄虫生殖系统…………………………………19
　　（三）雌虫生殖系统…………………………………20
三、黄粉虫的生物学特性………………………………24
　　（一）成虫……………………………………………25
　　（二）卵………………………………………………26
　　（三）幼虫……………………………………………26
　　（四）蛹………………………………………………28
　　（五）繁殖……………………………………………28
　　（六）自相残杀现象…………………………………29
　　（七）负趋光性………………………………………29
　　（八）温度要求………………………………………30
　　（九）湿度要求………………………………………32
　　（十）食性……………………………………………33

第三章　黄粉虫的人工养殖……………………………34
一、场地要求……………………………………………34
二、饲养方法……………………………………………35
　　（一）盆养……………………………………………35
　　（二）箱养……………………………………………37
　　（三）室内养殖………………………………………41
　　（四）大棚养殖………………………………………41
　　（五）规模化养殖……………………………………42
三、饲养管理……………………………………………44
　　（一）各虫期管理……………………………………44
　　（二）卵的采收与护理………………………………48

（三）蛹与幼虫的分离……48
　　（四）成虫与蛹的分离……50
　　（五）冬季加温……50
　　（六）养殖场有害源的防范……51
四、病虫害防治……52
　　（一）常见病虫害……52
　　（二）防控方法……53
五、饲料配制……56
　　（一）饲料配方……56
　　（二）其他饲料……57
　　（三）饲料加工……58
六、黄粉虫质量标准……59
　　（一）虫种质量判别……59
　　（二）商品虫质量判别……60
七、黄粉虫繁殖与虫种培育……62
八、黄粉虫运输与贮藏……63
　　（一）活虫运输……63
　　（二）产品贮藏……64

第四章　黄粉虫的开发利用……65
一、黄粉虫的直接利用……65
　　（一）用作试验材料……65
　　（二）喂养经济动物……66
二、黄粉虫食品的加工……71
三、黄粉虫提取物的综合利用……75

第五章　养殖户问答 ……………………………… 77

一、如何掌握市场信息？…………………………77
二、如何决策是否养殖黄粉虫？…………………78
三、如何看待不同的养殖方法？…………………78
四、如何控制黄粉虫养殖的生产规模？…………79
五、当前国内黄粉虫养殖市场如何？……………79
六、初次养殖黄粉虫应该注意哪些问题？………80
七、如何看待加盟养殖企业？……………………82
八、如何选择养虫箱？……………………………82
九、如何培育虫种？………………………………84
十、如何设计黄粉虫的饲料配方？………………85
十一、饲料加工应该注意哪些问题？……………86
十二、黄粉虫患病死亡的主要原因有哪些？……86
十三、如何选择养殖场地？………………………88
十四、黄粉虫被害虫污染后如何处理？…………88
十五、如何利用作物秸秆作黄粉虫饲料？………89
十六、如何利用酒糟作黄粉虫饲料？……………90
十七、如何简易鉴别虫种质量？…………………91
十八、引进虫种应注意哪些问题？………………91
十九、如何找到野生黄粉虫？……………………92
二十、黄粉虫虫种的选择标准是什么？…………93
二十一、怎样提高黄粉虫成虫的产卵量？………94
二十二、黄粉虫能够吃麻雀和老鼠吗？…………94
二十三、黄粉虫初龄幼虫如何饲喂菜叶？………94

二十四、用菜叶喂黄粉虫的注意
事项有哪些? ·················95
二十五、如何确定筛除虫粪的时间? ·······96
二十六、如何清理养虫箱内杂物? ········97
二十七、如何保证卵孵化率与幼虫成活率? ···97
二十八、初龄幼虫的饲养管理注意
事项有哪些? ·················98
二十九、幼虫箱内出现化蛹怎么办? ······98
三十、部分黄粉虫蛹在羽化前为什么
会变黑? ····················99
三十一、影响蛹羽化的因素有哪些? ······99
三十二、黄粉虫产卵箱如何收卵? ·······100
三十三、黄粉虫成虫产卵期有哪些
注意事项? ··················100
三十四、如何处理黄粉虫幼虫蜕皮? ·····101
三十五、运输黄粉虫时有哪些注意事项? ··101
三十六、如何恢复黄粉虫野生性状? ·····102
三十七、如何处理积压的黄粉虫? ·······102
三十八、幼虫密度与温度之间有什么关系? ·103
三十九、养殖场空气卫生如何控制? ·····103

参考文献 ·······························105

第一章
概　述

一、黄粉虫的应用价值

黄粉虫（*Tenebrio molitor* Linne.）又名大黄粉虫、面包虫，通称黄粉甲。在分类阶元中属昆虫纲、鞘翅目、拟步甲科、粉虫属。黄粉虫作为仓库害虫在自然界分布较广，在我国长江以北大部分地区均有分布，曾经在黄河流域发生量较大，为粮食仓库的重要害虫之一。黄粉虫在仓库的自然条件下因地区不同，生长期一般为1年1～2代。广泛存在于粮食、药材及各种农副产品仓库中。20世纪60年代，黄粉虫在我国曾经被列为重要的仓库害虫，也是世界性的害虫。近年来由于储粮设施的优化、仓库防虫技术的普及和推广，在黄粉虫的原发生地区，规范的粮仓内已经很少发生黄粉虫的危害。但是在少数的中小型轻工业用粮的不规范粮食仓库中，仍然可以发现少量的黄粉虫，比如饲料加工业仓库、啤酒厂原料库等。

由于黄粉虫随着人类历史上的生产劳作和储藏粮食

的开始，就长期生活在仓库中，所以幼虫复眼退化，成虫后翅退化，不善飞翔，食性杂、繁殖量大，对温湿度及环境的适应能力很强，所以特别适宜人工喂养。据考证，19世纪初就有了人类关于养殖和利用黄粉虫的记录。最初，黄粉虫被用作宠物、鸟、禽及珍稀动物的饲料，科学家将黄粉虫用于检测杀虫药剂的毒性试验，其也被用作昆虫生理学、生化学、解剖学以及生物学等方面的试验材料。近五十年来黄粉虫已逐渐发展为特种经济动物养殖的高级营养饲料。

近年来，国内外的相关研究机构、企业对黄粉虫的人工养殖、营养价值及其开发利用等进行了较多的研究。已公开的研究成果有黄粉虫的蛋白质、氨基酸、脂肪、脂肪酸、微量元素和维生素等生化物质的提取，以及对人类保健功能的试验，以黄粉虫为原料制作食品和保健品，如黄粉虫系列小食品、高蛋白粉、氨基酸口服液、黄粉虫油、己丁聚糖。这些都为今后黄粉虫的产业化和市场化奠定了坚实的理论和技术基础。经过二十多年的研究实践及总结前人经验，笔者认为，黄粉虫不仅可用作各类药用动物、宠物和珍禽、观赏鱼类的优良饲料，而且经过特殊加工后，还可做人类的食品原料及保健品、化妆品等。

黄粉虫人工饲养的方法比较容易掌握，一般的养殖户经过短期培训即可养殖，养殖条件要求不高，饲料来源丰富，较省人工，繁殖快，养殖成本低，值得大力推广。

黄粉虫目前成为一种公认的新型的饲料和食品蛋白质源，已经并将持续占据越来越重要的地位。2014年，联合国粮食及农业组织发布了一份报告，题为《可食用的昆虫：粮食和饲料安全的未来前景》。这份文件详细说明了以昆虫作为补充饮食给人类健康及环境带来的好处。根据从联合国粮食及农业组织及其他来源收集的资料，以下是不久将在世界人民餐盘中找到的7种可食用昆虫：黄粉虫、蜻科幼虫、非洲棕象甲、木蠹蛾幼虫、可乐豆木毛虫、白蚁、蚱蜢，其中黄粉虫被列为首选。

在为人类提供蛋白质方面，黄粉虫可以与牛肉相媲美，但含有更多数量的保障人们健康的多元不饱和脂肪酸。在国际上，由于肉骨粉污染导致疯牛病、优质鱼粉产量下降、单细胞蛋白成本较高等因素，迫切需要新的无污染、无农药残留、高产、具天然抗菌物质的饲料蛋白质来源。昆虫作为地球上最大的尚未被充分开发利用的生物资源，正符合这一发展趋势。黄粉虫是昆虫资源中最具代表性的种类，开发利用价值非常高。黄粉虫素有"动物蛋白饲料之王"的美誉，通过工厂化生产，可提供大量优质动物性蛋白质，促进养殖业的发展。黄粉虫脱脂提油后的虫粉蛋白质含量达到70%，再经提取壳聚糖（甲壳素），可高达80%，不但能够替代进口优质鱼粉，而且完全可以供人类食用。

黄粉虫作为一种新型的配合饲料蛋白质来源，已经被世界饲料工业行业广泛认可。更重要的是，由于它在分类地位上与人类亲缘关系较远，可以避免与人类、畜禽疫病交叉感染，因此将会在配合饲料蛋白质添加源中占据越来越重要的地位。最初，在配合饲料中，用畜禽产品下脚料生产的肉骨粉占据重要地位，但由于最终被证明是"疯牛病"的元凶而被禁用。鱼粉开始备受青睐，但其也有难以克服的缺点，如可使家禽发生肌胃糜烂坏死，肉和蛋出现腥气，若使用不当，还会使家禽发生食盐中毒。另外，不当的贮存与运输方式，导致鱼粉含大肠杆菌较多，易污染沙门氏菌、葡萄球菌，容易诱发肉鸡腹水症。国外早已采用无鱼粉饲料，国内也已经开发出无鱼粉日粮，不仅降低了饲料成本，还有利于种鸡健康，受到养鸡场的普遍欢迎。因鱼粉品种多，导致市场混乱，假货过多，国家规定鱼粉盐分不能超过5%，而目前有些鱼粉含盐量超标，高达20%，导致畜禽食盐中毒，使许多用户受到了很大的经济损失。

黄粉虫老熟幼虫干品蛋白质含量在48%～52%，脂肪含量在27.5%～30%，主要营养素配比接近于全脂鱼粉，而且其含盐量可以忽略不计，用黄粉虫饲喂土鸡，可以增强土鸡的免疫力和抗病能力，提高生长速度，提高产蛋率和产蛋质量，所产鸡蛋被称为"虫子鸡蛋"，蛋黄大且颜色深，蛋清黏稠，磷脂含量高，胆固醇含量低，富含各种微量元素，营养丰富。黄粉虫作为饲料，蛋白质含量高，氨基酸比例合理，脂肪的质量和微量元素含量均优于鱼粉。黄粉虫幼虫适宜活体直接饲喂，不需经过加工处理，因而不会破坏虫体的活性物质，对动物生长的促进作用是其他饲料所不能相比的。黄粉虫干粉加入配合饲料中替代鱼粉，可获得比鱼粉更好的饲喂效果，完全可以作为制作无鱼粉饲料的替代原料。在实际生产中，黄粉虫在特种养殖业中应用十分广泛，也很好地证明了这一点。

综上所述，随着黄粉虫养殖业的发展与产品综合开发利用研究的深入，黄粉虫养殖将会与常规养殖业一样，逐渐形成规模化，以黄粉虫为原料加工的配合饲料、食品、保健品、美容化妆品等产品将会越来越多地出现在市场上。

二、黄粉虫的营养价值

黄粉虫作为饲料应用十分广泛，因为其蛋白质含量十分丰富，近十几年来，人们普遍将黄粉虫作为热带鱼和金鱼、珍禽、蝎子、蜈蚣、蛤蚧、蛇、鳖、牛蛙、林蛙等经济动物和宠物的饲料。以黄粉虫为饲料养殖的动物，不仅生长快、成活率高，而且抗病力强，繁殖力也有很大提高。但仅仅作为饲料利用，未能充分体现黄粉虫的营养价值，如果以黄粉虫作为原料加工成食品、保健品、美容化妆品，则更能发挥其利用价值。

（一）黄粉虫的蛋白质及氨基酸含量

黄粉虫（干品）的蛋白质含量一般在35.3%～71.4%（表1-1）。成虫的蛋白质含量最高，蛹的蛋白质含量最低，而且随季节不同黄粉虫的蛋白质含量也不同，幼虫的初龄期与老熟期蛋白质含量也有较大差异。

表 1-1　几种昆虫干粉的主要营养素含量

虫 名	水分（克/千克）	脂肪（克/千克）	蛋白质（克/千克）	糖类（克/千克）	硫胺素（毫克/千克）	核黄素（毫克/千克）	维生素E（毫克/千克）
黄粉虫Ⅲ*	37	288.0	489	107	0.65	5.2	4.4
黄粉虫蛹	34	405.0	384	96	0.60	5.8	4.9
柞蚕蛹	45	280.0	570	85	0.50	6.2	3.5
蚱蝉	40	71.9	714	109	—	—	—
蝗虫	31	76.5	705	128	—	—	—
蜂蛹	38	264.0	353	—	—	—	—
蚂蚁	41	192.0	695	—	—	—	—

* Ⅲ为安全性毒理试验中所用不同处理样品的编号。

从表 1-1 中可以看出，黄粉虫蛹与幼虫干品比较，脂肪含量相对高 11.7%，而蛋白质下降 10.5%。不仅如此，其脂肪含量在主要资源昆虫产品中，脂肪含量也相对高出许多，蛋白质含量相比其他主要资源昆虫，幼虫居中偏上，但蛹期相对较低。从表 1-1 中还可以看出，黄粉虫干燥组织中 95% 以上是营养物质，作为饲料和食品具有较高的利用率。

黄粉虫营养的一个特点是，其脂肪和蛋白质含量会因不同季节、不同虫态而有很大的变化。在黄粉虫的初龄幼虫和青年幼虫生长活跃期，新陈代谢旺盛，这时体内脂肪含量相对较低，蛋白质含量较高。老熟幼虫和蛹体内脂肪含量较高，蛋白质含量相应较低。越冬虫态因抵御寒冷维持生命活动的需要，体内储藏大量脂肪，因活动量小，其蛋白质含量相应比同龄生长期的幼虫含量低。黄粉虫的生长过程中各龄期和虫态的蛋白质与脂肪含量上下浮动可达20%以上，在虫体总重量不变的情况下，其脂肪含量与蛋白质含量呈负相关。因此，在生产中实际利用黄粉虫时，应充分考虑到这一点。在提取黄粉虫脂肪时，应选择进入越冬态的老熟幼虫和蛹，因为其脂肪含量最高；利用黄粉虫蛋白质作为饲料或食品时，选用生长活跃期的幼虫较好。这是大多数越冬虫态所特有的现象，也为昆虫油和蛋白产品的深加工提供了很好的理论依据。

以陕西关中地区为例，8月份黄粉虫幼虫正在生长旺季，老熟幼虫（干品）的蛋白质含量在48%～52%，脂肪含量在27.5%～30%；12月份处于越冬态的黄粉虫老熟幼虫（干品）的蛋白质含量在36.5%～43.5%，脂肪含量在36%～46.5%。如果在生产过程中把握好这个规律，可使蛋白质或者脂肪产量提高20%左右。黄粉虫蛹的脂肪含量为最高，其质量也有所不同，在深加工中有待进一步研究。

从表1-1还可看出，黄粉虫与柞蚕蛹的核黄素（维生素B_2）和维生素E含量都很高，这在动物性食品中是很少见的。这两种营养素都是人体不可缺少的。我国人群膳食营养普遍核黄素不足，表现为口腔溃疡患病率较高。核黄素对人体能量代谢过程也有着重要的意义。维生素E有保护细胞膜中的脂类免受过氧化物损害的抗氧化作用，具有一定的抗衰老功能，也是人体不可缺少的营养素。因此黄粉虫作为一种富含核黄素和维生素E的保健品原料大有前途。

必需氨基酸是指人体或其他脊椎动物生长中必不可少而机体内又不能合成，或合成速度不够快不能满足生长需要，必须从食物或饲料中补充的氨基酸，称必需氨基酸。这类氨基酸包括赖氨酸、蛋氨酸（甲硫氨酸）、亮氨酸、异亮氨酸、苏氨酸、缬氨酸、色氨酸和苯丙氨酸。对婴儿、家畜或家禽幼体来说，组氨酸和精氨酸也是必需氨基酸。如果人体饮食或动物饲料中经常缺少上述氨基酸，可导致诸如免疫力低下等多种症状，甚至影响智力。黄粉虫与其他资源昆虫一样，必需氨基酸含量非常丰富（表1-2），从与各类资源昆虫所含人体必需氨基酸含量对比来看，黄粉虫各种必需氨基酸含量偏高且接近蚂蚁所含有的必需氨基酸含量，研究结果表明黄粉虫是一种很值得开发的营养素来源。

表1-2 昆虫所含氨基酸比值与人体必需氨基酸比值之比较
（比值：是以色氨酸为1的比值）

区 分	色氨酸	苏氨酸	蛋+胱氨酸	异亮氨酸	苯丙+酪氨酸	赖氨酸	缬氨酸	亮氨酸
黄粉虫Ⅲ	1.0	4.94	2.00	3.72	9.56	6.89	9.19	6.92
黄粉虫蛹	1.0	5.01	2.62	5.85	9.07	6.27	9.06	9.17
蚕 蛹	1.0	5.00	3.38	7.47	6.90	7.25	6.17	7.04
婴幼儿	1.0	5.10	3.40	9.50	4.10	7.40	6.00	5.50
成年人	1.0	2.00	3.70	4.00	2.90	4.00	3.40	2.90

注：婴幼儿及成年人数值是国际卫生组织确认的、维持正常生理活动所需理想比值。

从表1-2可以看出,黄粉虫和蚕蛹的必需氨基酸比值接近联合国粮农组织和世界卫生组织确认的人体所需氨基酸的理想比值,尤其与婴幼儿所需要的比值相接近。所以黄粉虫的蛋白质是较理想的人类食用蛋白质。若将黄粉虫原料与其他食品合理搭配,经科学调制,可作为婴幼儿的营养食品,也可作为运动员的特种食品和保健品原料。

(二)黄粉虫的脂肪含量和脂肪酸结构

脂肪是人体三大产热营养素之一,而脂肪酸又包含饱和脂肪酸、单不饱和脂肪酸、多不饱和脂肪酸。其中亚油酸、α-亚麻酸在人体内不能合成,每日必须由食物供给,故称必需脂肪酸,是维持人体正常生长发育和健康所必需的。从表1-1看出,大多数昆虫脂肪含量较高,特别是黄粉虫蛹的脂肪含量更高。从黄粉虫脂肪酸的分析(表1-3)可以看出,黄粉虫脂肪中不饱和脂肪酸含量较高,主要是人体必需脂肪酸(亚油酸)和软脂酸($C_{16:0}$)较高,而有增高血胆固醇作用的肉豆蔻酸($C_{14:0}$)含量较低,脂溶性维生素含量高。这些都说明黄粉虫脂肪是一种对人类有益的脂肪,具有食用保健功能的开发价值。

表1-3 黄粉虫脂肪酸种类 (%)

脂肪酸种类	$C_{14:0}$	$C_{16:0}$	$C_{16:1}$	$C_{18:0}$	$C_{18:1}$	$C_{18:2}$	$C_{18:3}$
含量	6.52	18.92	0.99	2.43	46.28	23.10	1.76

注:不饱和脂肪酸与饱和脂肪酸的比值P/S为0:9。

（三）黄粉虫的常量元素与微量元素含量

人体是由 40 多种元素构成的，根据元素在体内含量不同，可将体内元素分为两类：其一为常量元素，占体重的 99.9%，包括碳、氢、氧、磷、硫、钙、钾、镁、钠、氯等 10 种，它们构成机体组织，并在体内起电解质作用；其二为微量元素，占体重的 0.05% 左右，包括铁、铜、锌、铬、钴、锰、镍、锡、硅、硒、钼、碘、氟、钒等 14 种，这些微量元素在体内含量虽然微乎其微，但却起到重要的生理作用。在机体内含量超过 0.01% 的称为常量元素，在 0.01% 以下的称为微量元素。人体必需微量元素共 8 种，包括碘、锌、硒、铜、钼、铬、钴、铁。黄粉虫体内所含的微量元素主要来源于饲料，经反复取样测试，结果（表 1-4）表明，黄粉虫的无机盐含量丰富，部分微量元素含量可因饲喂的饲料种类和产地不同而有变化。如在饲料中加入适量亚硒酸钠，经虫体吸收可转化为生物态硒，从而可生产富硒食品。因此可将黄粉虫作为补充人体微量元素的一种新食品资源。

试验结果表明，在黄粉虫养殖过程中，饲料中各种微量元素的含量决定着黄粉虫体内相关元素的含量。即饲料中的各种微量元素含量与虫体微量元素含量成正比。由于黄粉虫具有较强的富集微量元素的功能，一方面可以通过饲料的投入调整虫体内有益元素的含量，另一方面，有害元素也可以通过饲料富集到虫体内。因此，饲料的来源及其质量控制十分重要。

表 1-4 昆虫干品中常量元素与微量元素含量

虫名	钾（克/千克）	钠（克/千克）	钙（克/千克）	磷（克/千克）	镁（克/千克）	铁（毫克/千克）	锌（毫克/千克）	铜（毫克/千克）	锰（毫克/千克）	硒（毫克/千克）
黄粉虫Ⅲ	13.70	0.656	1.38	6.83	1.940	65	0.122	25	13	0.462
黄粉虫蛹	14.20	0.632	1.25	6.91	1.850	64	0.119	43	15	0.475
蜂蛹	—	8.600	4.80	1.95	0.016	191	0.064	21	350	0.175
蚕蛹	11.35	0.311	9.50	6.05	3.100	170	0.014	2	1	—
蝉	3.00	—	0.17	5.80	—		0.082	—	—	—

黄粉虫作为饲料，其蛋白质含量高，氨基酸比例合理，黄粉虫干粉加入复合饲料中，可以获得比鱼粉更好的饲喂效果。也因为可以作为鱼粉的替代品，这种新的需求将极大地促进黄粉虫产业的发展。

黄粉虫不仅蛋白质质量好，人体所需各类营养素含量亦十分丰富。经过用科学方法加工的黄粉虫食品，味美可口，营养丰富。黄粉虫的表皮可提取几丁质，是制造多功能食品及药品的原料之一。

综上所述，黄粉虫营养丰富，蛋白质质量优良，必需氨基酸比值接近人体必需氨基酸比值，尤其是与婴幼儿所需的比值相近。黄粉虫脂肪优于畜禽类脂肪，特别是其所含有的丰富维生素 E 和核黄素更为难得。黄粉虫还可作为微量元素转化的"载体"，在饲料中加入含人体所需微量元素的无机盐，饲喂后可在黄粉虫体内转化为生物态微量元素，以其为原料制成的食品，可以补充

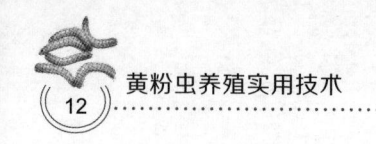

人体所需的锌、硒等元素，极具开发价值。

三、国内外黄粉虫研究及利用概况

（一）国外黄粉虫研究及利用概况

目前有许多国家和地区在开发利用黄粉虫，有的还设立了专门机构，进行深入的研究。最早进行研究的有法国、德国、俄罗斯和日本。从饲料应用、人工养殖技术的改进到产品的食用、药用及保健功能的探索等，取得了许多进展，已有较多的报道。由于黄粉虫具有较强的耐寒防冻功能，只要是正常进入越冬虫态，虫体可以耐受-5℃不结冰，而且在温度恢复到适宜生长时会很快复苏，恢复到正常生长状态。黄粉虫这一特性可以培育转基因蔬菜，从而延长寒冷地区蔬菜的保鲜期。也可用于生产寒冷地区的饮料、药品、车用水箱及工业用防冻液和抗结冰剂。另有报道，以黄粉虫为原料提取的生化活性物质可生产特殊药品，如干扰素等。有一些国家将黄粉虫加工成菜肴，摆上了餐桌；有的以黄粉虫为原料制作药品和保健品，如以黄粉虫体内提取的几丁质为原料生产的果蔬增产催熟剂、美容化妆品等。

目前黄粉虫在国外主要用于观赏鱼饲料和宠物饲料。其可作为宠物猫、犬饲料的添加剂，加入膨化饲料中替代畜禽性动物蛋白原料，可杜绝疯牛病、口蹄疫和禽流感等传染病向家养宠物传播。黄粉虫干品作为观赏鱼饲料具有较大的市场潜力,与传统饲料相比,更具有优越性,如营养成分丰富,饲料转化率高,在水上漂浮时间长,可使观赏鱼生长速度加快,繁殖率、成活率提高,抗病能力增强等。试验证明,在同等条件下,以黄粉虫干品饲喂的锦鲤,比用配合饲料和鱼虫饲喂的锦鲤生长速度快,健康状况好,体长可增加25%以上;并且由于干虫体在水面漂浮时间长,对水质基本没有污染,已经逐渐被观赏鱼养殖户接受。我国每年出口的黄粉虫干品大多用于观赏鱼饲料和宠物饲料。由于干虫易于包装、运输和保存,国际市场需求量也在逐年扩大,前景看好。

(二)国内黄粉虫研究及利用概况

我国黄粉虫养殖是从20世纪末开始,当时养殖的黄粉虫主要用作药用动物及观赏鸟的饲料,也用于科研教学。近几年,黄粉虫的养殖已遍及全国,各地的花鸟鱼虫市场都有黄粉虫销售,而且销量也逐年增加。黄粉虫也由最初用作蝎子和鳖的饲料发展到热带鱼、观赏鸟、锦鲤、金鱼、乌龟、蛤蚧、蜥蜴、蛇、牛蛙等十余种动物的饲料。近年各地学者对黄粉虫食用性的研究成果较多,宾馆、饭店也逐渐将黄粉虫搬上了餐桌,并逐渐被消费者所接受。

近年来,有的科研单位和机构开展了利用黄粉虫的表皮提取几丁质和几丁聚糖的研究。几丁质又称甲壳素,为乙酰氨基葡萄糖多聚体,广泛存在于低等植物、菌类、甲壳动物外壳和高等植物细胞壁中。几丁质和几丁聚糖均有广泛的用途，可用来制作具有活化细胞、抗菌、止血作用的人造皮肤，以及用作食品稳定剂、乳化剂、防腐剂和澄清剂，还可用于制造具有抑菌、防腐、抗过敏作用的纺织品。

目前市场上的几丁质产品多是从虾壳、蟹壳中提取的。虾壳、蟹壳中含有大量的石灰质及蜡质，几丁质含量仅为4%～6%，且提取工艺较复杂。而昆虫体壁石灰质及蜡质含量较低，几丁质含量达20%～40%，提取较容易，质量高，在药品、保健品、食品、化妆品、纺织品及农、林、果、蔬增产剂等行业中具有诸多的用途。

黄粉虫脂肪含有丰富的不饱和脂肪酸，能提高皮肤的抗皱功能，对皮肤疾病也有一定的治疗作用，可提纯用于医疗和化妆品生产。

目前国内黄粉虫市场增长迅速，黄粉虫尤其是饲料市场已经初具规模，但是多为初级产品，至今还没有真正的深加工产品上市。近年来大量养殖户盲目地投入，黄粉虫市场呈现过剩，造成价格下降。中小规模养殖户的养殖技术差，成本高，不具竞争能力，多处于维持阶段。预计未来国内外对黄粉虫的需求量将逐年增加，其市场将会逐渐规范。

第二章
黄粉虫的形态特征与生物学特性

一、黄粉虫的形态特征

黄粉虫的生长过程分为成虫、卵、幼虫、蛹4个虫态期（图2-1）。

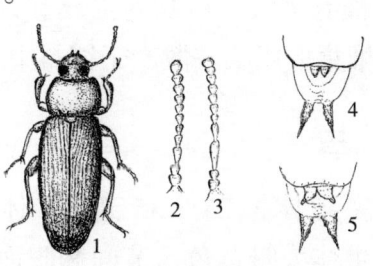

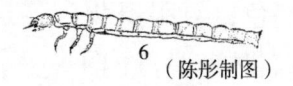

(陈彤制图)

图2-1 黄粉虫
1.成虫 2.黄粉虫触角 3.黑粉虫触角 4.雄性蛹乳突 5.雌性蛹乳突 6.幼虫

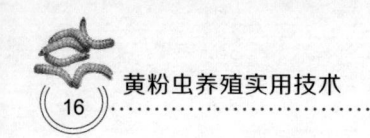

（一）成　虫

成虫体长12～20毫米，体色呈黑褐色，体形为长椭圆形，似半片长形黑豆。由于长期人工养殖，各地区黄粉虫品质出现退化，在形态上差异也会比较大。在放大镜下观察，可见虫体表面密布细坑状斑点，无毛，有光泽。复眼红褐色，触角念珠状，着生细毛，有11节，触角末节长大于宽，第一节、第二节长度之和大于第三节的长度，第三节的长度约为第二节的2倍。这是黄粉虫与黑粉虫成虫区别的主要特征之一。

（二）卵

卵长1～1.5毫米，长圆形，乳白色，卵壳较脆软，易破裂。卵外被有黏液，可黏附虫粪和饲料，起到保护作用。卵一般堆集成团状或散产于饲料中。

（三）幼　虫

老熟幼虫一般体长25～35毫米，体壁较硬，无大毛，有光泽，虫体为暗黄色，节间和腹面为黄白色，头壳较硬，为深褐色；复眼退化。各足转节腹面近端部有2根粗刺。腹部各体节具气门1对。

（四）蛹

蛹长15～25毫米，乳白色或黄褐色，无毛，有光泽，呈弯曲状。芽状鞘翅伸达第三腹节，腹部向腹面弯曲明显。腹部各节背面两侧各有1个较硬的深褐色侧刺突，腹部末端有1对较尖的弯刺，呈"八"字形，末节腹面有1对不分节的乳状突，雌蛹乳状突大而明显，端部扁平，向两边弯曲，有少量纤毛；雄蛹乳状突较小，端部呈圆形，不弯曲，基部合并，有少量纤毛。以乳状突的形状可区分雌雄。

黄粉虫与黑粉虫的幼虫较好区别，黄粉虫幼虫体以黄色为主，黑粉虫幼虫以黑色为主，黑色面积较大，十分明显。黑粉虫成虫体表无光泽，较黄粉虫扁平，尤其是以触角的特征区分二者较为方便（表2-1）。黄粉虫与黑粉虫的生物学特性和食性有较多相似之处，在自然界发生及分布区域有所不同。黄粉虫分布在我国北部地区，尤其是20年前在陕西省黄河以北地区卫生管理不善的仓库中常可见到。黑粉虫适应性较广，作为仓库害虫，在我国黄河以南地区常有发生。黑粉虫和黄粉虫同为仓库重要害虫，危害粮食、油料、肉制品、药材及各种农副产品，易出现在仓库的墙角、架底潮湿的地方。近年来，

表2-1 黄粉虫与黑粉虫形态特征的区别

区　分	黄粉虫	黑粉虫
体　形	成虫体较圆滑	成虫体较扁平
体　色	黑褐色具光泽	深黑色无光泽
触　角	末节长大于宽，第三节短于第一、第二节之和	末节宽大于长，第三节大于第一、第二节之和
幼　虫	胴部各节背中部及前后缘为黄褐色，腹面及节间浅黄色	胴部各节为黑褐色，节间与腹面为黄褐色

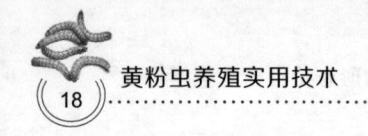

由于仓库储藏技术的不断规范和发展，粮仓害虫的发生也在逐年减少。目前很少能在正规仓库中找到黄粉虫。

黑粉虫的生物学特性与黄粉虫相似，但由于黑粉虫发生地域主要在我国黄河以南地区，分布不及黄粉虫广，繁殖量低，即使冬季在加温条件下饲养，也仅1年发生1代。黑粉虫生长周期长，饲料转化率低，养殖成本相对黄粉虫高出很多，经济效益远不及黄粉虫，故不建议将黑粉虫作为人工养殖生产的对象。

黑粉虫比黄粉虫性活泼，爬行迅速，雌虫产卵量比黄粉虫少，且成活率较低下，一般6~18个月繁殖1代。在黄粉虫及黑粉虫混养的养虫箱中发现了杂交品种，部分杂交品种生活力强，生长速度快。笔者在培养黄粉虫新品种时，以黄粉虫与黑粉虫杂交，经过十余年反复试验和筛选，产生相对稳定的新的杂交品系，以解决当前黄粉虫品种退化的问题。

二、黄粉虫的内部结构

黄粉虫与大多数昆虫一样，具有外骨骼、体腔血液循环系统。了解黄粉虫的内部结构，有助于解决养殖和生产中遇到的一些问题。

（一）消化系统

黄粉虫幼虫和成虫的消化道结构不完全相同（图2-2、图2-3），幼虫的消化道平直而且较长；成虫的消化道较短，中肠部分较发达，质地较硬。幼虫的马氏管一般为6条，直肠较粗，且壁厚质硬，与回收水分有关；成虫的消化道相对短细一些，由于生殖系统同时占据腹腔空间，消化系统不及幼虫发达。因此，在饲养过程中对繁殖组的成虫要特别关照。为了扩大繁殖量，延长成虫寿命，可以适当提高成虫饲料的营养成分，加工粒度应更精细些。良好的饲料和环境可提高成虫的产卵量和卵的质量。

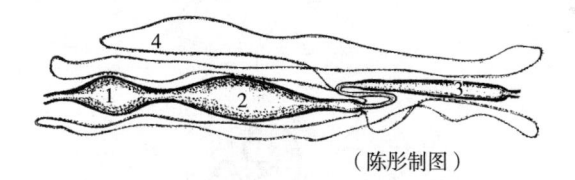

（陈彤制图）

图2-2 黄粉虫幼虫消化系统

1.嗉囊　2.胃（中肠）　3.直肠　4.马氏管

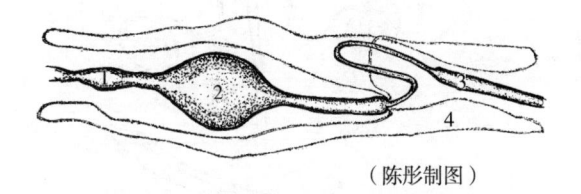

（陈彤制图）

图2-3 黄粉虫成虫消化系统

1.嗉囊　2.胃（中肠）　3.直肠　4.马氏管

（二）雄虫生殖系统

成虫生殖节，即腹部末端缩入体内，须有外部压力才可看到，但是虫体比较容易受伤。故通常不从外部生殖器官来鉴别成虫雌雄。经过解剖发现，黄粉虫雄虫内部生殖系统构造见图2-4：管状附腺与豆状附腺发达成对，可见睾丸内有许多精珠。雄虫羽化5天后睾丸和附腺已十分发达、清晰。活体解剖可见雄性管状附腺不断伸缩，向射精管输送液体，其与豆状附腺在雌雄交尾时有帮助射精和输送精液的作用。交尾时睾丸中的精珠与附腺排出的产物一同从射精管排出。经解剖观察，每个雄虫有10～30个精珠，说明每头雄虫一生可交尾多次。

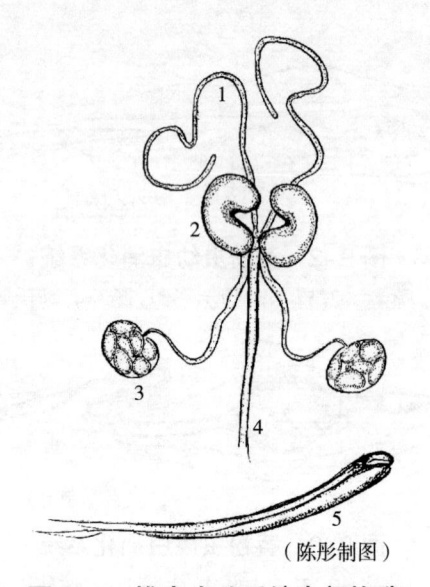

（陈彤制图）

图2-4 雄虫生殖系统内部构造

1.管状附腺 2.豆状附腺 3.睾丸 4.射精管 5.阳茎

（三）雌虫生殖系统

刚羽化的雌成虫卵巢整体纤细，卵粒小而均匀，卵子呈初级阶段。受精囊腺体展开而不收缩，说明卵巢是在羽化后逐渐发育成熟的（图2-5）。羽化5天以后的黄粉虫，卵巢发生很大变化（图2-6），长大的卵进入两个侧输卵管，但卵仍不十分成熟，受精囊及其附腺较前期发达，较粗壮一些，特别是受精囊附腺开始具有初级的收缩功能。

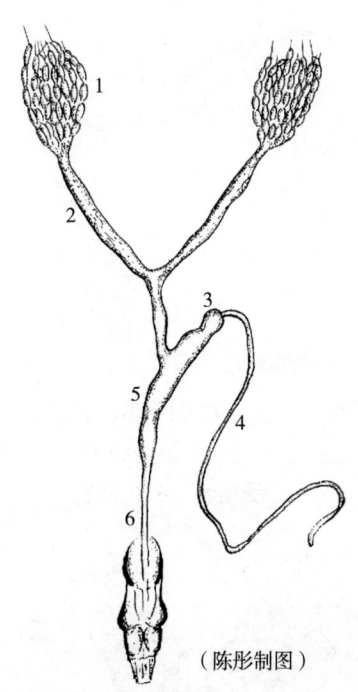

（陈彤制图）

图2-5　黄粉虫卵巢Ⅰ（羽化2天）
1.卵巢及卵丝　2.侧输卵管　3.受精囊　4.受精囊附腺
5.输卵囊　6.排卵管

黄粉虫羽化15天后，到了产卵盛期，每天产卵可达数十粒，大量的成熟卵在两侧输卵管存积，使两侧输卵管变为圆形，端部卵巢小卵不断分裂出新卵（图2-7），

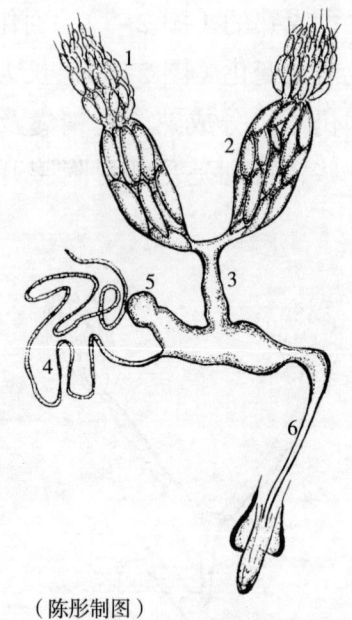

(陈彤制图)

图 2-6　黄粉虫卵巢 II（羽化 5 天）
1. 小卵及卵丝　2. 卵　3. 中输卵管　4. 受精囊附腺
5. 受精囊　6. 排卵管

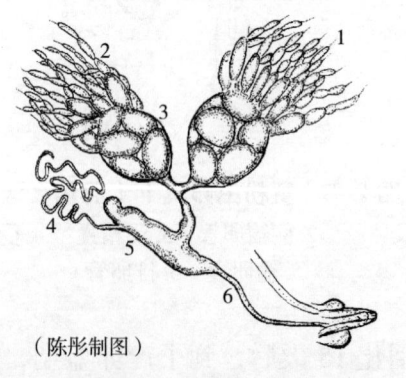

(陈彤制图)

图 2-7　黄粉虫卵巢 III（羽化 15 天）
1. 卵丝　2. 小卵　3. 成熟卵　4. 受精囊附腺　5. 受精囊　6. 排卵管

如果此时营养充足，护理好，端部会出现端丝。端丝的出现有望增加更多的卵。笔者在做黄粉虫活体解剖时，发现受精囊附腺能大幅度伸长和收缩弯曲，由此可为受精囊输送水分和补充营养，同时也由于受精囊附腺的运动，在输卵管后增加压力使卵排出，并输送黏液以保护卵。已经成熟的卵可在一天中全部产出。

黄粉虫排卵 28 天后，如果没有特殊的营养支持，卵巢逐渐开始退化（图 2-8），如果此时再补充优良饲料，可促进雌虫性腺发育。这时，个别雌虫体会出现一侧卵

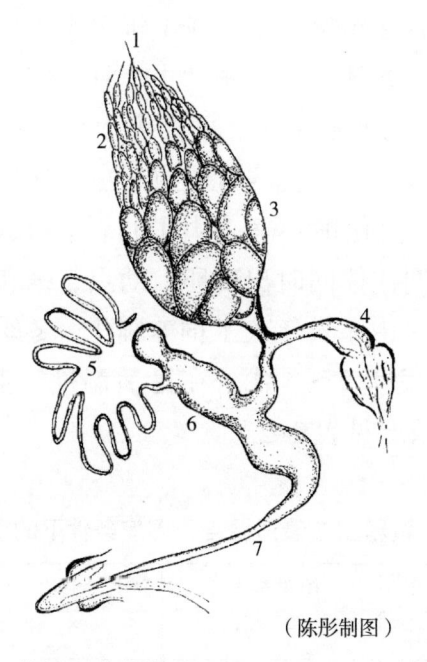

（陈彤制图）

图 2-8　黄粉虫卵巢Ⅳ（羽化 30 天，一侧卵巢萎缩）
1. 卵丝　2. 小卵　3. 成熟卵　4. 萎缩的卵巢　5. 受精囊附腺
6. 受精囊　7. 排卵管

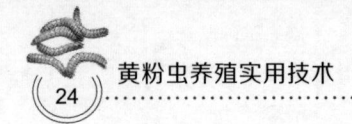

巢退化，而另一侧卵巢则会继续生长且变得特别发达，会产下比通常的卵粒大很多的大卵。这种大卵可以培育出优良的虫种，提高繁殖量和虫种质量。

由此可见，黄粉虫的雌性生殖系统是从羽化后逐步发育完善的，所以如果改善饲料营养状况，会促进生殖系统进一步发育，极大地增加产卵量。

三、黄粉虫的生物学特性

黄粉虫有 2 年发生 1 代或 1 年发生 2 代的现象，但很少见。在北方地区，越冬幼虫 3 月中旬至 4 月份开始化蛹，5 月中旬开始羽化，并产卵繁殖。由于个体变态时间极不一致，同一批的黄粉虫幼虫，从群体中出现化蛹者到最后一只化蛹完毕，时间可持续 30 天以上。所以黄粉虫生长期往往同时出现卵、幼虫、蛹和成虫，可谓"四态同堂"。由于长年人工饲养驯化，冬季加温，可使黄粉虫每年发生 2~4 代。在最适温度、湿度条件下，其生长发育情况见表 2-2。

表 2-2 黄粉虫在最适温度、湿度条件下的生长情况

虫 态	温度（℃）	空气相对湿度（%）	孵化、羽化（天）	生长期（天）
成虫	22~35	55~75		30~90
卵	24~30	55~75	6~9（孵化）	
幼虫	22~30	65~75		85~130
蛹	25~30	65~75	7~12（羽化）	

（一）成　虫

初羽化的成虫为乳白色，娇嫩的成虫2天后逐渐变得坚硬，色变褐红，开始取食、交尾、产卵。

黄粉虫食性杂，大多生活在各种农林产品库房中，如粮仓、饲料库、药材库等，凡是具营养成分的物质都可作为其饲料。成虫后翅退化，不能飞行，爬行速度快，喜黑暗，怕光，夜间活动较多。在成虫交尾期，成虫对光线和触动十分敏感。稍有光线变化、触动或振动便会直接影响交尾和产卵。成虫和幼虫均有自相残杀习性。成虫的寿命在30～90天之间，雌虫最长可达160天，雄虫寿命相对较短。雌虫产卵高峰期为羽化后10～30天，雌虫产卵量每头在50～680粒，平均260粒。加强管理，保持最佳温湿度，供给良好的饲料，可延长成虫寿命，并延长产卵期及增加产卵量，较好的虫种每只雌虫产卵量可达880粒以上。给成虫适当饲喂含糖分和含水饲料是十分必要的，卵巢的发育需要及时补充水分和营养。

成虫在饲料及营养不足时，会取食正在蜕皮的幼虫、蛹或卵。针对这一习性，采取相应的管理措施十分重要，特别是在统计繁殖量时，容易忽略这一习性造成的损失。

在幼虫期，如果饲料配方合理，温湿度适中，饲养密度相对较小，羽化出的雌虫比例较大；反之，羽化出的雄虫比例较大。所以饲料与温湿度也可以控制黄粉虫的雌雄比例。

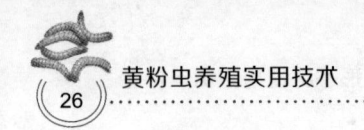

成虫在产卵期亦和交尾期一样，怕光、怕震动。应注意防控，以免影响产卵的数量和质量。

（二）卵

黄粉虫雌成虫在产卵时，将产卵器插入饲料中，卵常成堆集中产在一起，在排出卵粒的同时还分泌许多黏液，黏液将周围的饲料包裹在卵壳上，与卵粒黏结成团，可起到保护卵粒的作用。幼虫孵化后可直接食用卵壳和饲料。卵的孵化时间与环境温湿度的关系很大，当环境温度在25～32℃时，卵的孵化期为5～8天；温度在19～23℃时，卵的孵化期为12～20天；温度在15℃以下时，卵很少孵化。卵孵化期环境湿度不宜过高，空气相对湿度以65%～75%较适合。湿度过高，会造成卵块霉变，降低卵的孵化率；湿度过低则会造成孵化率低下，或使虫卵干瘪而死亡。卵在冬季死亡率很高，所以不易越冬。

（三）幼　虫

黄粉虫幼虫的生长期一般为75～130天，最长可达480天，平均生长期为120天。幼虫一生中蜕皮次数变化差异较大，最少的蜕皮8次，最多的可蜕皮20次以上。一般历经10～15龄期（即按照蜕皮1次为1个龄期计算）。幼虫食性与成虫一样，但喂给不同的饲料可直接影响幼虫的生长发育。合理的饲料配方，较好的营养，可加快其生长速度，降低养殖成本。幼虫性喜黑暗，群养可提高群体运动频率，幼虫在运动中体壁互相摩擦生热，可促进虫体血液循环及消化功能，增强活性。幼虫蜕皮前活动较少，常伏于饲料的表面，呈静止状态，从头部开始蜕皮。刚蜕皮的幼虫为乳白色，十分脆弱，也是最容易受伤害的虫期。约20小时后虫体逐渐变为黄褐色，体壁硬度也随之增强。

幼虫和成虫一样，也具有自相残杀的习性，在饲料不充足的情况下，黄粉虫幼虫会取食自己的同类，正在蜕皮的幼虫、正在化蛹的幼虫、蛹期、刚羽化的成虫和卵，都容易受到同类残食。因为蜕皮期的虫态基本处于静止状态，刚蜕皮后出现的新皮质地细嫩，很容易被同类取食，如果虫体表皮受到损伤，其死亡率几乎是100%。

在一定温湿度条件下，饲料营养是幼虫生长的关键因素。若以合理的复合饲料喂养，不仅成本低，而且能加快其生长速度，提高繁殖量。如果在幼虫长到3～8龄期时停止饲喂，幼虫耐饿可达6个月以上。利用黄粉虫的这一习性，在市场需求量大时调整最佳温湿度，饲喂优质饲料，可以促进黄粉虫快速生长，这种方法可以称为快速生长法；在市场低迷需求量小时，降低温湿度，饲喂高纤维、低淀粉、低糖的次等饲料，如发酵秸秆等，可以延长幼虫生长期，降低成本，称为减速生长法。但是，当温度在28℃以上，幼虫在8龄以上时，采用减速生长法降低饲料营养可导致约30%的幼虫提前化蛹，反而会造成更多损失。因而，无论快速生长法，还是减速生长法，都应在8龄期（幼虫体长23毫米）以前开始。

(四)蛹

老熟幼虫化蛹时会爬到饲料的表面,裸露于饲料上。初化蛹时虫体呈乳白色,体壁较软,隔日后逐渐变为淡黄色,体表也变得较坚硬。蛹只能靠扭动腹部运动,不能爬行。黄粉虫的成虫和幼虫随时都可能将蛹作为食物。只要蛹的体壁被咬破一个小伤口,就会死亡或羽化出畸形成虫。蛹期对温湿度要求也较严格,如果温湿度不合适,造成蛹期过长或过短,都会使蛹感染疾病,降低存活率。

蛹在22~30℃才能正常羽化为成虫。最适温度应为25~30℃。在过高或过低的温度下,蛹的死亡率会增加,很少羽化成为正常的成虫。在北方地区,如冬季室内不加温,蛹的成活率较低。蛹羽化时适宜的空气相对湿度为65%~75%。湿度过大时蛹背裂线不易开口,成虫会死在蛹壳内;湿度过低空气太干燥,会造成成虫蜕壳困难,出现畸形或死亡。

(五)繁 殖

黄粉虫的自然雌雄比例一般为1:1。如果生长条件好,雌性数量会增加,雌雄比可达3.5~5:1。如果生长条件差,雄性数量会超过雌性,雌雄比可达1:4,而且后代成活率较低。每次交尾时,雄虫输给雌虫1粒精珠,每粒精珠内贮藏有近百个精子。雌虫将精珠存入贮精囊内,每当卵子从贮精囊口通过时,贮精囊即排出1个或数个精子与卵子结合,之后受精卵排出体外。雌虫卵巢中也不断产生新的卵子,并不断地排卵。据观察,当雌虫体内精珠中的精子排完后又会重新与雄虫交尾,及时补充新的精珠。所以如果雄虫比例小,也会影响繁殖率。经试验,尚未发现黄粉虫有孤雌生殖现象,而且卵的孵化率与成虫交尾次数成正比。

(六)自相残杀现象

黄粉虫群体中有互相残杀现象。各虫态均有被同类咬伤或食掉的危险。成虫羽化初期,刚从蛹壳中出来的成虫,体壁白嫩,行动迟缓,易受伤害;从老熟幼虫新蜕化的蛹体柔软不能活动,也易受损伤,正在蜕皮的幼虫和卵也都易成为同类取食的对象。所以,防止黄粉虫自相残杀、互相取食,是人工养殖黄粉虫的一个重要的课题。试验证明,黄粉虫取食同类主要是为了补充营养的不足。合理的饲料配方,可以有效地减少黄粉虫自相残杀现象。

(七)负趋光性

黄粉虫由于长期在仓库中的黑暗环境中生存,幼虫复眼完全退化,仅有单眼6对,主要以触角及感觉器官来导向,怕光而趋黑,呈负趋光性,因此养殖场所应保持黑暗。利用黄粉虫的负趋光性也可筛选蛹及不同大小的幼虫。

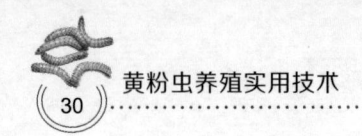

(八)温度要求

黄粉虫对温度适应范围见表2-3。

表2-3 黄粉虫对温度的适应范围

温区	温度(℃)	虫口密度(千克/米^2)	表现
高温区	31～34	2.2	死亡率增高,生长期短,长度在2.6厘米以下化蛹
适温区	22～31	2.2	生长和繁殖正常
低温区	0～21	2.2	基本停止生长,很少羽化
致死低温区	<0	2.2	短期内降温幅度超过20℃,会致死
致死高温区	>34	2.2	患病率、残疾率增高,直至死亡

在夏季高温区时,黄粉虫死亡率高,虽然生长速度加快,但是幼虫老熟得快,往往在体长2.6厘米以下就开始化蛹。此时,作为产品的幼虫个体较小。

北方地区入秋后进入低温区时,如果不采取加温措施,黄粉虫则进入越冬虫态,很少取食。此时幼虫很少化蛹,蛹也很少羽化。

正常进入越冬虫态的黄粉虫在致死低温区大多可以安全度过冬季。但是在此温度区域如果因人为因素使昼夜温差超过20℃以上,会造成其死亡。

在致死高温区的黄粉虫死亡率很高,即使有少数存活,但大多会生长成残疾虫。

黄粉虫对温度的适应范围很宽。在北方,自然条件下黄粉虫多以幼虫和成虫越冬,在仓库中可抵御-10℃以下的温度,但成活率很低。在仓库中35℃以上的环境中开始出现死亡。秋季温度在15℃以下开始冬眠,此时也有取食现象,但基本不生长、不变态。冬季黄粉虫进入越冬虫态后,如人为升高温度,可恢复取食活动并继续生长变态。如在冬季将饲养室温度提高到22℃以上,幼虫可恢复正常取食,且能化蛹、羽化,但若使其交尾产卵,则需将温度提高到25℃以上。所以,黄粉虫的适宜生长温度为22~32℃,25~30℃为最佳生长发育和繁殖温度,致死高温为35℃。但在养殖环境下有时室温仅33℃,黄粉虫便开始成批死亡。这是因为黄粉虫(幼虫)密度大时,虫体不断运动,虫与虫之间相互摩擦生热,可使局部温度升高2~5℃,导致死亡。此时必须尽快减小虫口密度,减少虫间摩擦,提高散热量。

黄粉虫的致死低温在-10℃以下,在陕西省关中地区,冬季-10℃的气温持续20余天,大部分黄粉虫未被冻死,说明黄粉虫的耐寒性很强。自然界的温度变化一般比较温和缓慢,黄粉虫较易适应。如果人为因素使温度骤热骤冷,昼夜温差在20℃以上,就会破坏黄粉虫正常的新陈代谢,引起疾病,增加死亡率。对此笔者有过经验教训。冬季白天室内有暖气加温,夜间停止供暖,白天温度最高28℃,而夜间最低仅-8℃,造成黄粉虫抵抗力逐渐下降,不出1个月会全部死亡。养殖过程中应

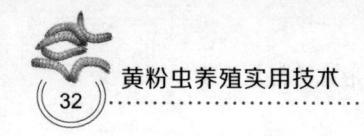

对此给予重视。

（九）湿度要求

黄粉虫对湿度的适应范围较宽，最适空气相对湿度：成虫、卵为55%～75%，幼虫、蛹为65%～75%。环境干燥湿度过低，影响生长和蜕皮。黄粉虫蜕皮时从背部裂开一道口子，这条线为蜕裂线。干燥会导致许多幼虫或蛹因蜕裂线打不开无法蜕皮而最终死亡，或者因不能完全从老皮中蜕出而成残疾。湿度过高时，饲料与虫粪混在一起易发生霉变，使黄粉虫染病。所以，保持一定的湿度，适时适量补充含水饲料（如菜叶、瓜果皮等）是十分重要的。在一定湿度环境下保持温度的稳定，对黄粉虫成长、交尾、产卵及其寿命长短都是十分重要的。在高温期，如果湿度过高，可以通过加强空气流通等措施来降低温度，同时也可减小养殖场内的湿度。降低湿度的方法除了加强通风外，如果遇到低温高湿，最好用暖风机，除此之外，还可以在室内放置活性炭等吸湿剂，忌用刺激性气味太重的吸湿剂，石灰要谨慎使用。如果养殖场所低洼潮湿，就要设法更换养殖场所，如移到木质楼房中养殖，并将周围的排水沟加深。与此同时，增加麦麸的用量，也可以适当降低温度和湿度。

这里要强调一点，前面讲的主要是养虫室内空气湿度。而实际上养虫箱内的湿度更为重要，其湿度过大是造成黄粉虫患病死亡的主要因素，大多由饲喂饲料和蔬菜等含水饲料不合理造成。

（十）食　性

黄粉虫食性杂，只要是含有营养的物质，性状适合，便可作为饲料。普通养殖户养殖黄粉虫大多以麦麸、米糠或玉米作饲料。经多年试验证明，黄粉虫养殖与其他养殖业一样需要复合饲料。在麦麸、玉米的基础上适量加入高蛋白质饲料，如豆粉、鱼粉及少量的复合维生素是十分必要的。特别是繁殖用的黄粉虫，一定要供给较全面的营养，以提高下一代的成活率和抗病能力。实践证明，单一的饲料喂养，会造成饲料浪费，使养殖成本提高。单用麸皮喂养的黄粉虫鲜虫，每增加1千克虫重需消耗饲料4～5千克，而用复合饲料喂养的黄粉虫鲜虫，每增加1千克虫重仅消耗饲料2.5～3千克。所以，养殖黄粉虫不能只注重饲料的价格，还应注意饲料的营养价值。笔者经试验证明，在繁殖组饲料中加入2%蜂王浆，可使雌虫排卵量成倍增加，最好的一组平均每只雌虫排卵量达880粒，而且生产的幼虫抗病力强，成活率高，生长快。

第三章
黄粉虫的人工养殖

一、场地要求

黄粉虫对饲养场地要求不高，室内养殖要能防鼠、防鸟、防壁虎，并能防止阳光直射，保持相对黑暗，通风好的房屋就可使用。室内不能存在有害气体，有挥发性的油漆、汽油、农药及有机溶剂等。夏季温度最好能控制在32℃以下；冬季如需要继续繁殖生产时，温度应需升高到22℃以上。黄粉虫耐寒性较强，越冬虫态一般为幼虫，在-10℃不会冻死，因此冬季若不需要生产，可让黄粉虫进入越冬虫态，不需要加温。如果冬季要继续生产，则在9月下旬左右就应该加温养殖。

养殖场的保温对黄粉虫持续性生产很重要，如果加温适当，每年可多繁殖2代，即每年可以繁殖4代。目前比较理想的保温方法为塑料膜大棚半地下养殖车间加暖气管道。其在冬季可以比普通房间温度高5～10℃；夏季也可以起到很好的降温效果。因此在规模化养殖建厂房时，半地下塑料膜大棚养殖场是比较理想的选择。

二、饲养方法

养殖黄粉虫的设备可以是多种多样的,一般少量室内养殖可以采用盆养或箱养虫。工厂化养殖主要用养虫箱和箱架等设备,为了节省投资成本,也可以搭建半地下的温棚饲养。温棚饲养既节省基建费用,也可达到冬暖夏凉的效果,降低养殖成本。养殖户应根据市场需求、自身经济实力和当地各方面的条件来选择养殖规模和方法。

(一)盆 养

家庭盆养黄粉虫,适合月产量100千克以下的养殖,一般不需专职人员喂养,利用业余时间即可。饲养设备简单、经济,如旧脸盆、塑料盆、铁盒、木箱等,只要容器完好,无破漏,内壁光滑,虫不能爬出即可。若箱、盆内壁不光滑,可贴一圈胶带纸,围成一个光滑带,防止虫外逃。另外,需要40目、60目筛各1个。

获得虫种后,要先经过精心筛选,选择个体大、整齐、生活力强、色泽鲜亮的个体,专盆喂养。虫投放量一般为4.5千克/米^2,普通脸盆可养幼虫0.3~0.6千克,幼虫厚度一般不要超过1厘米。冬季密度可以大一些,让虫体间活动摩擦生热;夏季密度应该小一些,以利于散热。在盆中放入饲料,如麦麸、玉米粉等,同时放入幼虫虫种,饲料为虫重的10%~20%,3~5天后,待虫将饲料吃完后(观察虫粪中已经没有饲料的颗粒,为均匀的虫粪颗粒），将虫粪用40目或60目筛（用尼龙纱网制成，边框内壁要求光滑或用胶带纸粘一圈防护层）筛出，继续投喂饲料。适当加喂一些蔬菜及瓜果皮类等含水饲料，会明显增加幼虫的活性，注意不可一次喂得过多，否则会造成局部环境湿度过高，幼虫易患病，死亡率高。

幼虫化蛹时应及时将蛹挑出分别存放，防止幼虫伤害蛹。蛹不摄食，也不活动，但对环境温湿度要求较高，要保证适宜的温湿度。待8～15天后，蛹羽化变为成虫，就要为其提供产卵环境。即在产卵盆（或箱）底部铺一张纸（可用报纸），然后在纸上铺一层约1厘米厚的精细饲料，再将羽化后的成虫放在饲料上，在25℃时，成虫羽化约6天后开始交尾产卵。

黄粉虫为群居性昆虫，交尾产卵必须有一定的种群密度，即有一定数量的群体，交尾产卵才能正常进行。一般以每平方米虫箱1 000～1 600头成虫为宜。成虫产卵期应投喂较好的精饲料，除用混合饲料加复合维生素外，另加适量含水饲料，如菜叶、瓜果皮等，不仅可给成虫补充水分，而且可调节环境湿度。注意湿度过高会造成饲料和卵块发霉变质；湿度过低又会造成雌虫排卵困难，影响产卵量。所以，用此法饲养黄粉虫应严格控制盆内湿度。

成虫产卵时将产卵器伸至饲料下面，将卵产于纸上。由于雌虫产卵时会同时分泌许多黏液，卵则黏附在纸上，这张纸称为"卵纸"。黄粉虫的卵非常容易破碎，在移动卵纸时要特别小心，轻拿轻放。待3～5天后卵纸粘满虫卵，应及时更换新卵纸，若不及时取出卵纸，成虫往往会取食虫卵。取出的卵纸集中起来，相同日期的放在一个盆中，待其孵化。气温在23～33℃时6～9天即可孵化。刚孵化的幼虫十分细软，尽量不要用手触动，以免使其受到伤害。

将初孵化的幼虫集中放在一起，幼虫密度大，成活率会高一些。15～20天后，盆中饲料基本吃完，即可第一次筛除虫粪。筛虫粪用60目网筛。以后每3～5天筛除1次虫粪，同时投喂1次饲料，饲料投入量以3～5天被虫食尽为宜。

投喂菜叶、瓜果皮等含水饲料的时间很重要，应在筛除虫粪的前1天，投入量以一夜间能被虫食尽为度。如果先将虫粪筛出，再喂菜叶、瓜果皮，投喂量应以一天内能吃完为准；当虫将菜叶吃完后，筛除虫粪，再投喂饲料，效果会更好。投喂菜叶后，盆内湿度加大，饲料及卵易发生霉变，特别是在夏季，常导致黄粉虫患病死亡，因此第二天应尽快将未食尽的菜叶、瓜果皮挑出。只要喂养中管理周到，饲料充足，每千克虫种可以繁殖50～100千克鲜虫。这种方法仅适于家庭小规模喂养，简单易行，但繁殖量较低，单位成本较高。

（二）箱　养

箱养是常用的养殖方法，适合中大型规模养殖。该法黄粉虫的繁殖量与产量都相当大。

1. 常用设备

（1）养虫箱

①木质养虫箱　以木质板材制作的养虫箱比较理想，板材可以是实木板、密度板、胶合板或其他板材，最好是实木板材。养虫箱最好以卯榫制作，边框用0.6～1.5厘米厚的木板，底用三合板或纤维板（图3-1，尺寸仅

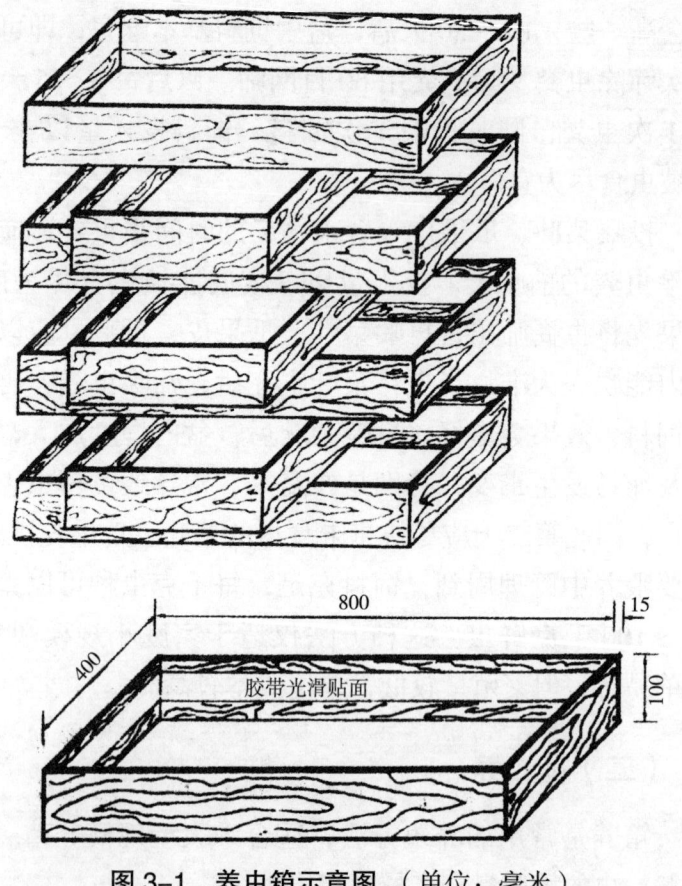

图3-1　养虫箱示意图　（单位：毫米）

供参考）。箱侧板内侧用砂纸打磨光滑，以3厘米宽胶带纸贴一周，压平，以防虫外逃。其缺点是箱体较重，操作周转时劳动强度较大。

②塑料养虫箱　较大规模养殖时，可以定做相当尺寸的塑料箱。其优点是重量轻，好操作；缺点是箱子底部容易积水。

（2）筛网　当黄粉虫将饲料吃完时，要及时将虫粪筛除。根据不同龄期虫体的大小，需要使用几种不同规格的筛子，筛网分别为100目、60目、40目和普通铁窗纱，用于筛除不同龄期的虫粪和分离虫。筛子侧板内侧面也应贴一圈胶带纸，以防虫外逃。

（3）集卵箱　由1个养虫箱和1个卵筛组成，卵筛外径尺寸比养虫箱小一号，方便放入和取出即可。内侧均应有光滑带，底部钉铁窗纱（图3-2）。为了防止成虫产卵后取食卵而造成损失，可将繁殖用成虫集中放在隔卵筛中，在养虫箱底部铺一张报纸，报纸上铺一层约5毫米厚的集卵饲料，再将卵筛放入养虫箱内。在卵筛中雌虫可将产卵器伸至卵筛纱网下，将卵产在网筛下的饲料中，这样卵就不会受到成虫的伤害，而且可以减少成虫的饲料、虫粪等对卵的污染，也方便收取卵筛或卵纸。

（4）养虫箱架　养虫箱叠放较方便，但是如果摆放不当容易翻倒。养殖规模较大时，可选择养虫箱架。箱架可以是木制的，也可以是铁制的。养虫箱可以像抽屉一样分层放置。箱架摆放稳定、整齐、美观，最主要是操作方便。

图 3-2 黄粉虫集卵箱示意图 （单位：毫米）
上图：隔卵筛 下图：集卵箱

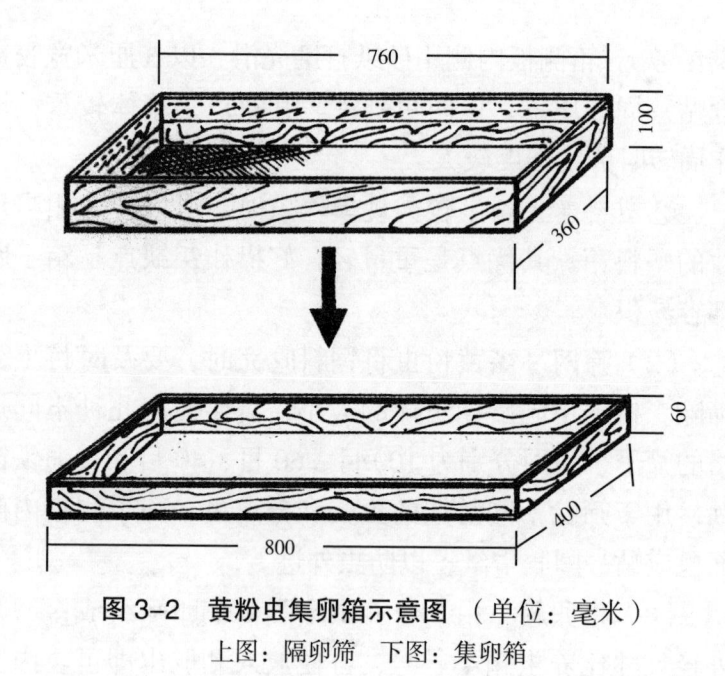

养虫箱架的材料、样式和尺寸，养殖户可以根据具体情况选择。建议繁殖用虫的存放最好用箱架，以便于用帘布或报纸等遮挡光线。

2. 木条支撑叠放法 在冬季采用重叠放置养虫箱可以起到一定的保温作用，但在夏季不利于通风。也可以采用上下2个养虫箱之间放2根木条支撑的方法增加空间，起到通风散热的作用。木条应为方形，不易滚动，选用装修房屋用的5厘米×5厘米规格的木龙骨即可。

3. 分离虫粪与选筛 幼虫孵化后很快就开始取食，待集卵箱的饲料基本食完时（10～20天），应尽快将虫粪筛除。筛除虫粪后应立即投喂新的饲料。每次投喂量约为虫重量的10%，也可视黄粉虫的生长情况适时调整投喂量，一次以3～5天食完为宜。一般为3～5天筛1次虫粪，投喂1次饲料。

筛除虫粪时应注意筛网的型号要适于虫体的大小，以免幼虫随虫粪漏出。3龄前的幼虫用100目筛网，3～8龄宜用60目筛网，10龄以上宜用40目筛网，老熟幼虫用普通铁窗纱即可。筛虫粪前应观察饲料是否吃完，混在虫粪中的饲料全部被虫食尽时再筛除虫粪。

（三）室内养殖

室内养殖是指在普通房间内放置养虫箱养殖黄粉虫。房间要求避免阳光照射，冬季方便加温、夏季室温不能超过33℃，能防鼠害、鸟害，室内空气相对湿度不能超过85%，不漏雨。一般的平房、楼房都可以作为养殖场。

家庭小规模养殖一般在室内有适当面积即可，加温装置一般为土暖气或带烟筒的煤炉。

（四）大棚养殖

大棚种植技术在现代设施农业中已经十分成熟，笔者经过多年的试验、筛选，这里主要介绍半地下塑料棚养殖黄粉虫技术。

半地下塑料棚养殖有很多优点：一是大棚建设投资小；二是半地下部分夏季保温效果好，控制温度成本低；三是冬季可有效利用太阳能升温。

半地下塑料棚养殖示意图见图3-3，仅供参考，养

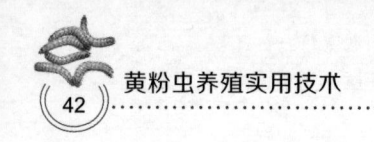

殖户可以根据自己的实际情况重新设计和建设。

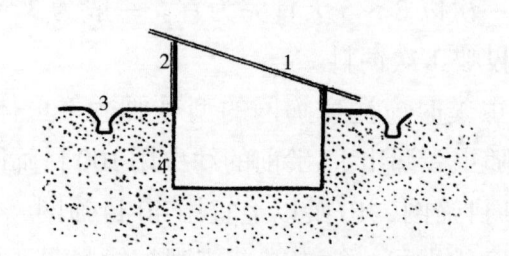

图3-3 半地下养殖场示意图
1.棚顶 2.地面部分墙 3.排水沟 4.地下部分

在塑料棚的建设及管理中应注意几个关键问题：①场地的选择应避开低洼易积水地面；②场地空旷，气流通畅；③地面部分的墙面每隔6～8米，安装一个约50瓦的排风扇；④室外应建有排雨水设施；⑤地平面墙围基础至少应有30厘米高的砖墙部分，以防老鼠危害；⑥夏季温度过高时，可以通过在塑料膜顶部铺设草帘，或用凉水冲淋塑料膜棚顶达到降温目的。

（五）规模化养殖

规模化生产的概念是年产黄粉虫20吨以上的规模。多年的实践经验证明，规模化养殖便于实施规范化管理，可大幅度降低单位养殖成本。

养殖场内应按职能严格分区，设有育种区、繁殖区、生产区、饲料加工区、饲料库房、虫粪周转区、成品加工区和成品库房等。在各养殖分区之间的设备周转时，一定要注意清理和消毒，防止病原的循环污染。

1. 育种区 主要功能是选育新的虫种，预防虫病和螨虫及其他粮食害虫直接进入繁殖区和生产区，所以育种区和其他养殖区应该有可关闭的门墙之隔。引进的虫种首先放在育种区观察 10～20 天，确认没有病害、残疾、寄生虫，生长正常，方可进入繁殖区。

2. 繁殖区 主要功能是将育种区输送来的种虫经过筛选和清理，进入化蛹期、羽化期和繁殖期，开始生产繁殖。主要设备是成虫繁殖箱及产卵网箱。由于成虫交尾怕光、怕惊扰，因此要与育种区和生产区有所区别。

3. 生产区 为面积最大的养殖区，也是主要的养殖生产区。其主要功能是将从繁殖区转来的卵箱和卵纸集中分类，进入孵化期，养殖幼虫直到成品虫。生产区从卵到成品虫流水线排布，以方便生产操作，亦便于计划生产，可使虫体生长速度一致整齐，并可节约大量的劳动力。

4. 饲料加工区 配有饲料加工机械，包括粉碎机、饲料颗粒机等。为了防止加工时噪声、震动和粉尘污染等惊扰繁殖区成虫的繁殖活动，该区应与育种区、繁殖区相隔一定距离，与饲料库房相连比较合适。

5. 饲料库房 不能设在半地下，要求密闭、干燥，并方便防治老鼠、壁虎、螨虫及其他仓库害虫。存放新饲料以前，必须事先清理仓库，做到清洁卫生，无病虫害污染。饲料不宜存放过久，一般存放时间为夏季不超过 45 天，冬季不超过 80 天，及时更新，提高周转频率，以达到防治病虫害的目的。

6. 虫粪周转区 虫粪有较好的利用价值，但由于其中含有大量的杂菌和酶类，如果未经适当处理，有可能污染饲料和养殖场。因而暂存虫粪的地方应该远离养殖场，并应该及时处理，防止造成环境污染。

7. 成品虫加工区 生产区的成品虫送至该区进行初加工，以达到最终产品所需的原料要求。成品虫加工包含清洗、除杂、烘干加工（微波烘干、低温真空干燥、超低温冻干）等程序。车间应该符合食品原料加工卫生相关要求，如墙面应该有不低于1.5米白色瓷砖，地面铺设地砖，有方便合理的地漏便于冲洗。原料加工过程应该是一条流水线，不应有交叉污染的现象等。

由于成品区安装有功率较大的用电设备，因此一定要注意用电安全问题。

8. 成品库房 指干品原料和冷冻原料的储存库房。干品原料应该冷藏在4℃以下，鲜品冷冻储存应该在–15℃以下。企业应根据需要购置相应的设备。这里需特别强调的是，干品虫的储存在4℃以下时，保存期在6个月以上，在常温下不能过夏；鲜品冷冻于–15℃以下保质期可在1年以上。

三、饲养管理

（一）各虫期管理

1. 幼虫期管理 幼虫在孵化后约20天以内处于娇

弱幼嫩状态，仅在其孵化区的很小的范围内活动，此时千万不能触碰和移动，否则其很容易受伤。此期间温湿度的观察和控制十分重要。因为初龄幼虫虽抗病力较强，但却对饲料的湿度十分敏感，有时一滴水就可以淹死十余只幼虫。注意随时观察幼虫卵箱中的湿度，稍有湿度大、霉变迹象就要及时通风降温。

幼虫在孵化约20天后活动范围逐渐扩大，卵期的饲料也逐渐食尽，箱内可见十分均匀细小的虫粪。可取箱内少量虫试用60目筛过筛，如果虫不会被筛除，说明虫体已经够大，此时则可以用60目筛筛除虫粪，然后投喂新饲料。

幼虫长到1厘米长时，要适当调整虫口密度。

一般在黄粉虫生长旺季，幼虫取食量大，排粪也多，应及时筛除虫粪。因为高温时虫粪容易霉变，污染环境，易使虫患病。一般可以室温条件来确定筛粪周期。温度在25～33℃时，每天筛除1次虫粪；温度在20～25℃时，可以每5天筛除1次虫粪。

根据幼虫的不同生长期及其对饲料的要求，可将幼虫期分为四个生长阶段：初孵化幼虫、小幼虫期、幼虫中期、幼虫后期。各阶段应用的选筛不同，投入的饲料也不同。

（1）**初孵化幼虫与小幼虫期**　从幼虫孵化到第一次筛除虫粪期间，初龄幼虫食用的饲料主要是从繁殖区随卵块一同带来的集卵饲料。第一次筛除虫粪（60目筛）后，需第一次投入幼虫饲料。由于虫体还很幼嫩，饲料也应与之适应。饲料成分与集卵饲料不能相差太大；饲料颗粒度应在1毫米以下，用20目筛过筛饲料；饲料含水量不能超过13%。

（2）幼虫中期 即孵化后30～65天。此期幼虫进入青年生长旺期，十分活跃，取食量也很大。饲料颗粒度不必过于讲究，但应及时筛除虫粪，防止污染。此期饲料营养也很重要，饲料配方中相应增加玉米和鱼粉。

（3）幼虫后期 即幼虫开始进入化蛹前期，也就是老熟幼虫期。此期幼虫很少取食，不善活动，应减少或停喂饲料，特别是不能喂含水饲料。

生产中同一个养虫箱中的黄粉虫个体的羽化时间经常很不整齐，有时从第一只虫化蛹开始，到最后一只虫化蛹结束，可能相隔30天以上。若蛹和幼虫同时存在于一个养虫箱内，处在生长期的活跃幼虫将会取食已经化蛹的同类，造成很大损失。所以，幼虫的整齐化是养殖技术的关键。工厂化养殖必须做到化蛹期相对整齐，继而后面的羽化期和产卵高峰期也会相对整齐，以减少挑蛹的工作量，从而达到降低生产成本的目的。

2. 蛹期管理 幼虫于后期化蛹，最好是当天化的蛹分离后集中存放，待其羽化。蛹的存放一般是在养虫箱内用报纸下铺上盖，即下面铺一层报纸，上面盖一层报纸。上面的报纸可以裁成约1厘米宽、10～15厘米长的条状，羽化的成虫伏在纸条上，方便收取。

蛹期应保持一定的温湿度，室温在23～30℃之间，空气相对湿度在75%～90%之间。随时观察，及时挑除病、残蛹。

3. 成虫期与繁殖期管理 成虫在交尾期间十分敏感，怕光、怕震动、怕触碰、怕干燥。因此应将繁殖期的成虫放在相对黑暗潮湿的房间，摆放产卵箱时，要轻拿轻放，不能随意开灯、开门窗。突然的光线和震动会大大影响成虫的交尾及产卵质量。受到强光和震动刺激的雌虫有时很长时间不能恢复活性。

成虫的虫口密度一般在 1 000～1 600 只/米^2。成虫期要尽可能让黄粉虫统一产卵，即产卵高峰期整齐。规模化养殖可将当天羽化的成虫集中箱养，不能混放。隔卵网下的集卵饲料厚度在 5 毫米左右，网体应与集卵饲料紧贴。雌虫的产卵器伸至网下饲料中 2～5 毫米，正好产在集卵饲料底部，可以有效地保证卵期的安全。

成虫的饲料要求较高，除了专用饲料配方外，含水饲料的补充也直接影响着产卵量。由于成虫的口器不如幼虫的口器坚硬有力，因此最好选用膨化饲料或较为疏松的复合饲料。

成虫投喂饲料量较少，一般 1 000 只成虫每次喂 10 克，在饲料基本取食完后再进行下一次投喂。饲料质量差时，成虫会取食浮在隔网表面的集卵饲料。饲料应散放在产卵网中，不能成堆集中投放。否则雌虫会将卵产在饲料中，卵很快就会被成虫吃掉。投喂含水饲料应做到少喂、勤喂。室温在 25℃以上时每 2 天喂 1 次含水饲料，低于 25℃时可 3～5 天喂 1 次。投喂含水饲料的时间最好在收卵前 6～10 小时。每次投喂含水饲料后 6 小

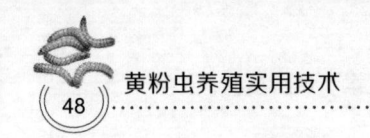

时应及时将没有吃完的含水饲料拣出，防止污染卵块。

（二）卵的采收与护理

小量养殖在收集卵时应根据成虫的密度和产卵量确定收集卵的时间，一般在3～5天取卵1次；规模化养殖可以在成虫产卵高峰期每天取卵1次。取卵时必须轻拿轻放，不能直接触碰卵块饲料，当天收取的卵箱可以集中存放。在卵箱的上面覆盖一张报纸，温度低时卵箱上面再盖一个箱子，起到保温作用，也可防止水分蒸发过快。

放置卵箱的房间温度要保持在25～30℃之间，以保证卵的孵化率。初孵化的幼虫用放大镜可以清楚地观察到，成堆的幼虫比较活跃，生长较快。所以同一批虫尽量放在一个箱子内，可促进其生长。约20天以后，待可以用60目网筛筛除虫粪时，则将进入幼虫养殖程序。

（三）蛹与幼虫的分离

蛹与幼虫的分离是生产中的一项难题，由于幼虫化蛹时间不整齐，先化的蛹往往会被幼虫吃掉或者咬伤，造成大量的蛹残疾和死亡。为了减少蛹的残疾和死亡，需要大量的人工来挑蛹。为了减少挑蛹的工作量，解决整齐化蛹问题，根据多年实践经验，提出以下注意事项，供参考。

第一，选择优良虫种。好的虫种产卵量大，产卵高峰集中。子代生长速度也均匀一致。

第二，及时取卵。尽量每天取卵1次，同一批成虫当天产的卵，集中存放孵化。

第三，使用膨化饲料。如果用复合饲料，最好用饲料颗粒膨化机加工成颗粒饲料。因为使用一般的复合饲料，不能保证每只虫按饲料配方比例去取食，这样就会造成营养的不均衡，直接表现为生长不均匀。而投喂颗粒饲料，可以使虫均匀摄入营养，达到同步生长。

第四，饲喂含水饲料要均匀。饲喂含水饲料不均匀最容易造成幼虫生长的不整齐。例如，用大块菜叶饲喂时，仅有少数虫集中在菜叶周围食用，而大部分虫未能吃到菜叶。吃了菜叶的虫生长更快，造成同箱虫生长不均匀。所以，饲喂菜叶时尽可能将菜叶切得细一些，在养虫箱内均匀撒放，尽可能让每只虫吃到等量的菜叶。

第五，分离箱角集中群。当幼虫长到2厘米长时，常具有在养虫箱四角集中的习性。往往在箱角集中的虫个体大、生长均匀，也是最活跃的群体。将箱角集中群及时分离，将相同大小的虫集中喂养，有利于集中化蛹。

第六，收取箱中混乱群体。黄粉虫有在箱角集中的习性，大部分活跃的虫集中到了箱角，自然箱子的中部就会剩下较小、晚熟、患病、正在蜕皮和正在化蛹的虫。由于这些虫不活跃，被活跃的虫排挤并集中到箱子中部与饲料、杂物混在一起。及时将这些混杂的虫集中移出，有利于整齐生长。

采用以上方法，可以提高整齐化蛹率。但是不可避免地还有少数幼虫和蛹混杂现象，需要个别挑选。如果

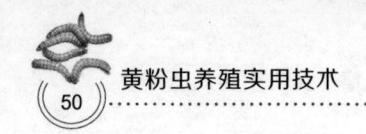

用手直接挑选,这样很容易伤害到虫蛹。建议养殖户使用工具,如吃蛋糕和冰激凌用的塑料叉、勺,效果较好,既不伤害蛹,又能提高挑蛹的速度。

(四)成虫与蛹的分离

蛹的羽化也不完全整齐,如果不尽快将刚羽化的成虫与剩余的蛹分离,成虫会以蛹为饲料,而且成虫也需要转移到繁殖箱中交尾产卵。在放置蛹的箱子中放置大约1厘米宽、10~15厘米长的报纸条,覆盖在蛹的上面。成虫羽化后,陆续爬在报纸的背面,移动成虫时只需提起纸条,就可带起成虫。将爬有成虫的纸条移至养虫箱上面抖动,成虫即可落入。再将纸条放回卵箱,覆盖在蛹的面上。也可用布条代替纸条。

(五)冬季加温

冬季加温是北方地区养殖黄粉虫不可缺少的工作。加温的时间要根据当年当地的气温而定,一般在入秋后白天室外最高温度在20℃以下、养虫室内温度在23℃以下时应该考虑加温。

加温方法比较多,如烟筒煤炉子、土暖气和小锅炉暖气等。采用暖气采暖时特别要注意两点:①在开始加温后,黄粉虫进入生长活跃期,这时的温度应该模拟夏秋季节的自然温度。白天升温至23~25℃,夜间可以适当降温至15~22℃。②一旦启动了加温设备,黄粉虫就不会进入越冬虫态。此时千万不能停止供暖,一旦昼夜温差超过20℃，就会使虫受到伤害，造成损失。

（六）养殖场有害源的防范

黄粉虫对有机溶剂、挥发性气体、防腐剂等有害物质十分敏感。养殖户往往因为忽略了这一点，造成不必要的损失。这些物质主要来源于养虫箱材料、室内涂料和饲料。

1. 木材有害源 养虫箱材料最好使用较为陈旧的实木材，因为新的木材往往会有一些挥发性物质，如樟木、檀木、松木等。大多数木材挥发物本身就是天然的防虫防腐材料，对黄粉虫有害，所以选择材料很重要。

密度板、纤维板、木工板、胶合板及其他人工加工的板材均含有不同量的有机溶剂，不宜采用。最好选用旧的板材，或是经过充分挥发的板材制作养虫箱。

2. 涂料有害源 室内粉刷用的油漆等涂料大多含有挥发性有害气体，黄粉虫比人更为敏感，更容易受害。因此室内在使用过含有有机溶剂（有刺激性气味）的涂料后不要立即用于黄粉虫养殖，待气味基本挥发完后再使用。每天还应及时通风换气。

3. 饲料有害源 多年饲养实践证明，饲料里的有害物质对黄粉虫往往是致命的，有时甚至对生产造成毁灭性的打击。粮食在粮库储存过程中，主要应用熏蒸杀毒剂来防虫。近年来小麦仓库所用的杀虫剂主要有氯化苦、磷化铝、磷化锌等杀虫剂。这些杀虫剂的残留主要集中在麦粒的表面，也就是麦麸中所含的农药残留最多。如果直接用其喂虫，就会导致黄粉虫中毒。因此在购买饲料时，应询问一下粮仓最后一次用药的时间及药效时间。如果无法得知确切信息，刚购回的麦麸，不要马上用来喂虫，最好先放置2～4周，待可能残留农药的药效完全消失后再使用。

4. 菜叶残留农药 当前蔬菜生产普遍使用农药。如果不慎使用了农药残留过高的蔬菜喂黄粉虫，则会造成大批地死亡。这个问题很多养殖户都遇到过，所以在选购菜叶时一定要特别小心。

四、病虫害防治

近年来，由于黄粉虫市场的逐渐扩大，养殖户及生产量也迅速增长，虫种质量的退化也十分明显，表现为虫的活性和抗病能力显著退化，病虫害的发生越来越严重，造成了严重损失。因此，更换优质虫种、加强虫病的预防是当前刻不容缓的工作。

（一）常见病虫害

1. 黑腐病 大多发生于夏秋季节。初发病幼虫行动迟缓，不取食，粪便稀不成形，虫体逐渐变成灰黑色，最后变得全身黑软死亡，死虫十分稀软，触之即破，流出黑色液体。该病传播很快，短时间内会使整个养殖场发病。

2. 干枯病 病虫先从头、尾部开始干枯、萎缩，最后全身枯干死亡。该病并非因为空气干燥所导致,多为饲料和螨虫带入病菌传染,并由于捕食性螨虫侵袭所造成。受到侵袭的幼虫会染病,同时也会传染给其他虫。

3. 捕食性螨虫 种类较多,刺吸式口器,以口针刺入黄粉虫体壁节间膜吸食体液,并产寄生卵在虫体内。凡是被螨虫侵袭过的黄粉虫,轻者残疾,重者死亡。有的螨虫种类在空气干燥时会大发生。螨虫主要由饲料和设备带入,因而对饲料的处理应加以重视。

(二)防控方法

对于病虫害应该以预防为主,在养殖初期就应建立预防方案,并严格执行。

1. 养殖场所和设备消毒 在引进虫种前,对养殖场进行消毒杀螨。消毒方法有:用紫外线对养殖场内及设备直接照射20～30分钟;或喷洒0.5%苯酚,之后关闭门窗1～2小时,然后通风换气,待6小时以后方可以将黄粉虫移入。

2. 养虫箱消毒 养虫箱的消毒要十分慎重,既要消毒杀螨,又不能对黄粉虫有害。经过多次反复试验,三氯杀螨醇等杀螨农药都对黄粉虫有害,高锰酸钾、金霉素等杀菌药品也会给黄粉虫带来一定的危害。较为经济有效的方法是,用75%酒精浸湿毛巾,再用毛巾擦拭养虫箱及其他设备,可达到消毒杀螨的效果。晾干设备上的酒精即可使用。

3. 饲料消毒 切忌用杀螨农药喷洒饲料,这同样也会杀死黄粉虫。安全有效的方法是：①将饲料在太阳光下暴晒1~2小时，即可杀死螨虫和部分病菌。②用沸水烫拌饲料然后晒干。③配有大型微波烘干机的养殖户，可以用微波设备烘干饲料，80℃、2分钟即可完成消毒杀螨。

4. 合理投放含水饲料　含水饲料投喂不当，会给黄粉虫带来疾病和死亡。投喂含水饲料的原则如下：室温超过33℃时不投喂含水饲料。一次投喂量，应该以虫在6小时内食尽为度；如果黄粉虫当天不能吃完，一定要及时将剩余含水饲料拣出，不能隔夜。阴雨天及化蛹期不喂含水饲料。

5. 正确加湿　养殖场环境增加湿度，如果条件允许，可使用加湿器，可自动控制环境湿度在设定的范围之内。也可采用洒水等简便方法，注意只能在地面和墙面洒水，绝不能直接往养虫箱内喷水，即使在夏季，直接对养虫箱内喷水给黄粉虫降温的方法是极端错误的。因为幼虫身体如果沾水，气门有可能被封闭，导致幼虫死亡，表现为停止采食，静止不动，从腹部开始逐渐变黑，最终死亡，同时，直接向养虫箱内喷水还会导致箱内粪便和饲料霉变，使黄粉虫染病死亡。

6. 病虫处理　新引进的虫种应隔离观察养殖15天以上，看其是否带有传染病。如果病虫发生量小，可及时将病虫挑出；如果病虫发生量很大，就不要费力治病，最好的办法是尽快完全处理掉病虫，然后进行设备和场地消毒，重新引进健康虫种。病虫的处理要一次到位，一般选择距离养殖场较远的地方深埋或者焚烧。

为了使养殖户更好地了解和掌握黄粉虫病害的防控规律，笔者将近年来养殖户来电、来信咨询病虫害防治信息加以总结（表3-1），供参考。

表3-1　黄粉虫病害咨询统计表

发生地区	发病户数	死虫比例（%）	读者口述原因	总结病因
山东省	146	＞20	菜叶、天热喷水	湿度大
河南省	85	＞25	大多原因不明	湿度大
河北省	25	＞20	饲料湿度大	湿度大
陕西省	63	＞35	种质差，湿度大	湿度大

以上统计以黑腐病为主，数据仅为死虫率达20%以上养殖户的记录，发病大多集中在一个村子的数十家养殖户。大多养殖户不明病因，但是经过询问，确定主要病因均为气温高、湿度大，特别在夏季发生率高，多由直接对养虫箱内喷水给黄粉虫降温造成的。这里再次强调，养殖场内喷水降温，仅限于喷在地面和墙面，绝不能喷到养虫箱内。此外，由于菜叶等含水饲料饲喂过多，致使养虫箱内湿度过大，造成黄粉虫染病死亡，也是养殖户的常见错误。一定要正确饲喂菜叶等含水饲料。

由于黄粉虫初患病时一般不容易观察到，等到表现明显症状时，再采取治疗措施，往往没有太大意义了，因此一定要重视平常的预防工作。

此外，黄粉虫还有老鼠、壁虎、蚂蚁和鸟类等天敌，

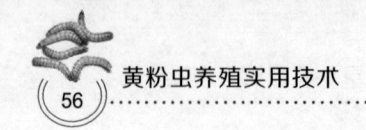

也会对黄粉虫造成一定的危害，主要采取设施预防。在养殖场基建时，就应考虑到该问题。

五、饲料配制

黄粉虫的正常生长需要全营养的饲料，单一饲喂麦麸也会造成饲料的浪费。不同虫龄、虫态、季节及养殖目的应该考虑使用不同的饲料配方。

（一）饲料配方

1号饲料配方：麦麸70%，玉米粉25%，大豆4.5%，饲用复合维生素0.2%。将以上各成分拌匀，经过膨化饲料机加工成颗粒饲料，或用16%沸水拌匀成团，压成小饼状，晾晒后使用。本饲料配方主要饲喂生产组的黄粉虫幼虫。

2号饲料配方：麦麸75%，鱼粉3%，玉米粉20%，白糖1%，饲用复合维生素0.8%，饲用混合盐0.2%。加工方法同1号饲料配方，颗粒度稍大于1号配方。主要用于饲喂产卵期的成虫，可提高产卵量，延长成虫寿命。

3号饲料配方：纯麦粉（为质量较差的麦子及芽麦等磨成的粉，不过筛含麸）95%，白糖2%，蜂王浆0.2%，饲用复合维生素0.4%，饲用混合盐2.4%。加工方法同1号饲料配方，颗粒度应大一些。主要用于饲喂繁殖育种的成虫。

4号饲料配方：麦麸40%，玉米麸40%，豆饼18%，饲用复合维生素0.5%，饲用混合盐1.5%。加工方法同1号饲料配方。用于饲喂成虫和幼虫。

上述饲料配方仅供参考，养殖户可根据当地的饲料资源实际情况，适当调整饲料配方。春夏季虫生长旺季，生命力旺盛，饲料配方中应增加一些高蛋白成分，如大豆粉、豆粕或鱼粉的比例应该多一些。进入秋冬季节，黄粉虫需要抵御低温保持活性，饲料中多添加一些能补充热量的成分，如玉米粉、豌豆粉、小麦全粉等。实际生产中单用麦麸喂养为大多数养殖户采用。其缺点是饲料营养单一，缺少淀粉和蛋白质，利用率较低。

初孵化幼虫、小幼虫、大幼虫和成虫，在不同的生长阶段所需的营养有所不同，饲料配方也要有针对性地调整。此外，不同虫态的口器和消化能力不同，需要注意饲料结构和颗粒度方面符合相应的要求。例如，小幼虫和成虫的口器不如青年期的幼虫口器坚硬，消化系统也相应较弱，针对各种虫态的适口性，饲料应以疏松、膨酥为主；集卵饲料供初孵化的幼虫食用，应更细腻，且适度糖化较为合适。

（二）其他饲料

1. 发酵秸秆饲料 规模化饲养黄粉虫时，可使用发酵饲料，利用麦秸、玉米秸、木屑、豌豆秧、花生秧、红薯秧、油菜秸、高粱秸等，经发酵后制成粉状饲喂黄粉虫。用秸秆发酵饲料不仅生产成本低，而且营养丰富，但是其只能作为黄粉虫常规饲料的一种补充，目前研究结果显示还不能完全替代常规饲料。

2. 含水饲料 饲喂适量的含水饲料如菜叶、瓜果等，对黄粉虫的生长十分有利。饲喂含水饲料的原则是：饲喂不可过勤、含水不可过高、饲料不可过夜、箱内不可过湿。饲喂含水饲料时间间隔不能太短，约3天饲喂1次。含水量不能过高，一般可以参照甘蓝的含水量，菜叶切好以后，用力握在手心，以手指间不出水为准；如果含水量过高，切好后晾至半干后再用。

（三）饲料加工

黄粉虫饲料的加工要求不同于家畜家禽饲料。因黄粉虫生活在养虫箱中，虫粪常与饲料混合在一起。因此，饲料的卫生是十分重要的。饲料含水量一般不能超过10%，如果过高，与虫粪混合在一起容易发霉变质。黄粉虫取食了发霉变质的饲料会患病，降低幼虫成活率，蛹期不能正常完成羽化过程，羽化成活率低。所以，应严格控制黄粉虫饲料的含水量。

用膨化饲料机将饲料加工成颗粒料是十分理想的方法。颗粒饲料含水量适中，经过膨化时的瞬间高温处理，不但起到了消毒杀虫的作用，而且使饲料中的淀粉糖化，更有利于黄粉虫消化吸收。饲料粒度应以利于黄粉虫取食为佳，小幼虫的饲料颗粒以直径0.5毫米以下为宜，大幼虫和成虫饲料颗粒直径为1～5毫米。此外，饲料的硬度亦应适合不同虫龄取食的要求。因黄粉虫为咀嚼式口器，不适宜饲喂过硬的饲料，特别是小幼虫的饲料更要松软一些。

对没有条件或不宜加工成膨化颗粒饲料的原料，可将各种饲料原料及添加剂混匀，加入10%的沸水搅拌均匀后，加入复合维生素，拌匀后晒干备用。

淀粉含量较多的饲料，可用15%的沸水烫拌后再与其他饲料拌匀，晒干备用。

对发霉及生虫的饲料要及时晾晒，或置于烤箱烘干；或用微波烘干机70℃、10分钟烘至干燥，既可防止饲料霉变，又可杀死饲料中的害虫及虫卵。有条件的可将饲料用塑料袋密封包装后放入冰箱或冰柜中在-10℃以下冷冻6小时以上，也可杀死害虫。冷冻后再将饲料晒干备用。

饲料加工所需设备有膨化饲料机、微波烘干设备、秸秆粉碎机等。

六、黄粉虫质量标准

为了帮助养殖户了解和识别虫种，笔者总结了黄粉虫虫种和商品虫质量判别标准。该标准为黄粉虫产业化、规范化提供了理论基础。

（一）虫种质量判别

作为黄粉虫种源的幼虫除活性强、体表颜色鲜艳光亮、虫体饱满外，应达到以下标准。

第一，幼虫长度（以老熟幼虫为准）应在33毫米以上。

第二，重量（以老熟幼虫为准）应大于100克/550条。

第三，每代繁殖量（以繁殖幼虫个数为准）在250倍以上为一等虫种；每代繁殖量在150～250倍为二等虫种；每代繁殖量在80～150倍为三等虫种；每代繁殖量在80倍以下为不合格虫种。

第四，化蛹病残率小于5%，羽化病残率小于10%。

第五，在常规养殖中，每年繁殖3代情况下，2年内无明显退化现象。

（二）商品虫质量判别

由于黄粉虫可以用于生产饲料、食品、保健品和化妆品，其最终产品对原料加工工艺条件的要求不同，对原料的初加工的要求也不同。目前市场上以微波设备烘干的黄粉虫幼虫为主，主要应用于饲料；如用于保健品和化妆品，应以鲜活的黄粉虫幼虫为主要原料。为了有效保护其营养及活性物质，多采用低温真空干燥或超低温冻干技术。综上所述，商品黄粉虫根据最终产品用途可分为微波虫干和商品活虫两类。

1. 黄粉虫微波虫干（以老熟幼虫为准） 目前饲用黄粉虫市场以微波烘干的老熟幼虫为主，其加工时间短，虫体膨酥，含水量小，保质期长，所以应用较为广泛。加工方法为：在微波中度火力条件下，将经过筛选、清理杂物后的鲜活老熟幼虫直接用微波设备均匀加热7～10分钟。加工成的黄粉虫干含水量应＜6%。加工后的虫干以虫体长度为准：一等33毫米以上；二等

25～32毫米；三等20～24毫米，并且虫体膨酥清亮，纯黄略带淡褐色，无黑、棕颜色。

作为饲料原料的黄粉虫干，除了用以上标准判别以外，还应该符合国家关于高蛋白质饲料添加剂的质量标准。

2. 黄粉虫商品活虫（以老熟幼虫为准） 作为商品的活虫首先要求活性强、爬行迅速、体表色泽鲜艳光亮、虫体饱满。

一等商品虫体长应在33毫米以上；二等25～32毫米；三等20～24毫米，并且虫体清亮，纯黄略带浅褐色，无黑、棕颜色。

作为保健品和化妆品用黄粉虫的原料除感官判别外，还应符合保健品、化妆品原料的理化卫生指标。

黄粉虫作为生产原料，除了以上直观的长度、单位重量、成色和活性等鉴别方法外，还有营养成分含量的要求。不同季节和龄期的黄粉虫幼虫，其脂肪含量和蛋白质含量区别较大。以干虫为例：在黄河以北地区，7月份的黄粉虫幼虫正在生长旺季，活性强，其脂肪含量通常在30%～36%之间，蛋白质含量常在50%以上；在12月份进入越冬状态的黄粉虫幼虫脂肪含量常在40%以上，而蛋白质含量却在46%以下。所以，最终产品以脂肪为主或是以蛋白质利用为主，决定其质量的指标。

以上判别商品黄粉虫的方法仅为黄粉虫市场流通过程中的直观参考标准，在具体应用过程中还应制定理化、卫生、蛋白质含量和脂肪含量等指标，未来将会逐渐补充和完善。

七、黄粉虫繁殖与虫种培育

目前市场上流通的黄粉虫种虫大多数是同一群虫种，多年以来已繁殖过数十代，大多数虫种已有退化现象，如个体小、生长期长、繁殖量低、易患病、死亡率高。有的幼虫养了近1年，个体还很小，不化蛹，或常出现残疾个体。因此，品种的选择是养殖户首先应注意的问题。优良的黄粉虫虫种生活能力强、不挑食、饲料利用率高、生长快。

养殖户应选择较好的个体留作种用。选种的标准一般为个体大，色泽鲜亮，活动能力强。种虫应从幼虫期加强营养和管理，特别是在成虫期，饲料中可添加蜂王浆等刺激繁殖产卵，勤喂蔬菜，适当增加复合维生素，保持最佳的环境温湿度，保持适宜的密度，经常清理虫粪。如此才能提高黄粉虫种的质量和增加产卵量。

黄粉虫的育种过程比较复杂，最常用的有两种方法：一种是捕捉自然界的野生黄粉虫与人工养殖的种群混合繁殖。仓库及自然环境中的黄粉虫往往生活力强，抗病力也强。此法可减少由于人工长期养殖造成的虫种退化现象。另一种方法是从不同地区收集虫种混养。养殖过程中筛选优良个体留作虫种，这也是最常用的方法。在长期养殖和培育过程中逐步稳定其特性，一旦发现有退化现象，应该尽快更换虫种，保证生产过程中虫的性状相对稳定。

八、黄粉虫运输与贮藏

(一) 活虫运输

黄粉虫的运输技术是生产环节中十分重要的问题，在商品黄粉虫和虫种的销售、调运过程中，经常进行活虫运输。近年来有很多养殖户由于不科学的运输，造成大量虫死亡。例如，有人买了数万元虫种，装箱运输数小时。当时室外最高气温28℃，到达目的地后发现虫种全部死亡，追其根源，主要是温度过高引起。由于包装问题可使运输箱内温度比外界温度提高5℃以上，加之在包装和运输过程中，黄粉虫受到惊吓，在箱内不断地运动，虫体间摩擦生热，又可提高虫体间温度3～5℃，运输1个小时后，实际箱内温度已经超过了黄粉虫的致死温度临界点35℃。因此活虫运输的时间、包装方法都很重要。

黄粉虫幼虫可用袋装、桶装或箱装，每5千克1箱（1桶），箱（桶）内虫的总厚度不能超过5厘米，不能加盖，以便通风散热。在箱内掺入黄粉虫重量30%～50%的虫粪或饲料，与虫混合均匀，总厚度不要超过5厘米。可减少虫体间的接触，同时也可吸收一部分热量。

选用透气性好的编织袋装虫及虫粪（1/3袋装量），扎紧口平摊于养虫箱底部，厚度不超过5厘米，箱子可以叠放装车，运输过程中要随时观察温度变化情况，如

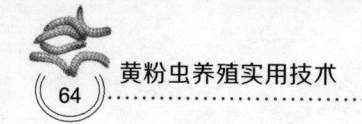

温度过高，要及时采取通风措施。气温在28℃以上时最好不要运输活虫。

在冬季运输活虫时则要考虑如何保温的问题，箱内温度应不低于5℃一般采用增加塑料泡沫盒、塑料袋保温。

（二）产品贮藏

1. 冷冻贮藏 若虫产量大，一时用不完，可以临时冷冻贮存。冷冻前应将虫清洗（或煮、烫）后用塑料袋包装，待凉至室温后入箱冷冻，在-15℃以下可以保鲜6个月以上，冷冻的虫仍可作饲料用。包装可用塑料袋（500～1 000克/袋），需要时可随用随取。

2. 干虫贮藏 以微波或其他方法烘干的黄粉虫可存放较长时间，如方法得当，存放1年后仍然可以使用。注意存放的温度和时间。如果干虫处于25℃以上超过30天，则会造成虫油酸败变质。所以，尽可能在5℃以下保存。使用厚塑料袋包装，尽可能减少袋内空气，密封，减慢氧化速度。

第四章
黄粉虫的开发利用

一、黄粉虫的直接利用

（一）用作试验材料

在 20 世纪 70 年代，科技界有关人士就发现黄粉虫容易饲养，可作教学、科研的试验材料。在饲料中加入微量染色剂，被黄粉虫幼虫食用后染色剂溶于其体液中，可从背部看到黄粉虫血液的流动情况，从而观察了解节肢动物循环系统的结构及血液的循环过程。

黄粉虫应用于生物学教学，可通过观察黄粉虫的生长过程、繁殖过程来了解昆虫的生活史、生物学特性、外部形态和内部结构等。

新型农药的研制要做药效试验，黄粉虫则是最常用的仓库害虫代表。由于虫源材料丰富，便于大量试验积累材料。但是人工养殖的黄粉虫对农药的敏感性有所差异，使用时应做对比参考。

黄粉虫具有较好的耐寒性，正常越冬虫态可以在 -5℃

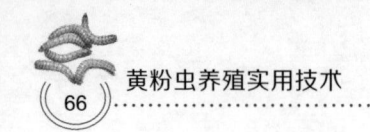

不结冰，而且温度上升后，可恢复正常活动。现代生物科学可利用黄粉虫的这一特性，生产转基因防冻蔬菜和特殊功能的防冻液等产品。

（二）喂养经济动物

黄粉虫可用于饲喂蝎子、蜈蚣、蛇、鳖、鱼、牛蛙、蛤蚧、热带鱼和金鱼等数十种经济动物，饲喂效果较好。近年来，也有用黄粉虫饲喂雏鸡、鹌鹑、乌鸡、斗鸡、鸭、鹅等禽类。用黄粉虫喂养的雏禽生长发育快，抗病能力强，产卵期提前，繁殖率及成活率都有提高。

在此要强调的是：以黄粉虫活体作为动物饲料饲喂应注意卫生，尤其是在饲喂水生动物时要特别注意投喂时间和投喂量。因为黄粉虫在水中10分钟内就会被淹死。如果投放的黄粉虫量大，短时间内吃不完，便会腐败变质污染水质，导致水生动物患病。因此，给水生动物投喂黄粉虫要选在其饥饿时，投喂量以2小时内吃完为度。

1. 饲喂观赏鱼 用活黄粉虫喂金鱼、锦鲤和热带鱼效果十分理想。由于鱼类摄食方式多为吞食，因此要根据鱼的大小来选择投喂的黄粉虫虫体大小。每次投喂量不可过多，以免出现虫体腐败而导致水质恶化，引发观赏鱼疾病。

目前市场上已经有观赏鱼饲料的微波烘干干虫产品。我国干虫出口的主要产品之一就是观赏鱼饲料。

2. 饲喂观赏鸟 黄粉虫在鸟市作为观赏动物的饲

料被称为面包虫,可能因其幼虫的颜色、形状似一长形面包而得名。在饲喂鸟类应用人工配合饲料的同时适量投喂黄粉虫,可使其羽毛光亮,鸣叫声洪亮,增强其抗病力。

(1)饲喂方法 现介绍几种以黄粉虫为原料的画眉饲料的配制和饲喂方法。

①虫浆米喂鸟 黄粉虫老熟幼虫30克,小米100克,花生粉(花生米炒熟后研成粉)15克。将黄粉虫老熟幼虫放于细筛中,用自来水冲洗干净,再取适量清水煮沸后将虫放入煮3分钟捞出。用家用电动粉碎机或绞肉机将虫绞成肉浆。将虫浆与小米放在容器中拌匀,放入蒸笼中蒸15分钟,取出搓开,使之呈松散状,平放在盘中,晾晒干后即可使用。

②虫干喂鸟 取黄粉虫幼虫,筛除虫粪,拣去杂质及死虫。用微波炉烘干,以家用微波炉为例:直径25厘米的微波盘放鲜幼虫100克,放入微波炉以中温火力微波大约8分钟,虫体即可膨酥干燥。黄粉虫干可直接饲喂画眉,也可研成粉拌入配合饲料中饲喂。以虫干饲喂画眉时要特别注意虫体卫生。如果虫体含水量超过8%,容易变质或发霉,鸟食用后会患肠炎。特别是在夏季,绝不能用死虫喂鸟,以活虫饲喂或用虫粉拌入饲料中饲喂效果较好。虫干和虫粉均应以塑料袋封装冷藏保存。

③活虫喂鸟 以活黄粉虫喂画眉在我国已有近百年历史。黄粉虫已经成为肉食性观赏鸟类的必备饲料。但是饲喂黄粉虫不可过量,因黄粉虫脂肪含量较高,若饲

喂过量，鸟又缺乏运动，会造成脂肪代谢紊乱，使鸟体内堆积过多脂肪而患肥胖症，特别是成年画眉较易发胖。所以，黄粉虫一般不宜作单一饲料喂画眉，且应控制饲喂量，一般以每只鸟每天喂8～16条为宜。年轻体质好、活动量大的鸟可适当多喂些，年老体弱的鸟应少喂一些。给画眉喂黄粉虫时，可用手拿着喂，也可用瓷罐装虫喂。瓷罐内壁要光滑，以使虫不能爬出罐外，罐内不能有水和杂物。

（2）**注意事项** 大多数画眉食用黄粉虫后都生长得很好，少数鸟食得过多时会出现精神不佳，饮水量增加，排便多，常排稀汤样粪便。出现这种情况的原因有两个：一是黄粉虫质量差，有病虫或死虫体。二是饲喂过量，鸟活动少，引起消化不良或蛋白质过剩而患病。所以，在投喂黄粉虫前首先要清理杂物和病、死虫体，每天投喂量要适宜。

养鸟者可以自己养殖黄粉虫，也可以到市场上购买商品黄粉虫。从市场上买黄粉虫喂鸟，一次不要买得太多，以每天每只画眉50～100克，可供其食用20余天即可。购虫时首先要选择行动活泼的个体。对购入的虫也要精心喂养和管理，要保证其不患病、死亡。病虫或死虫不能喂鸟。买来的幼虫可放到小塑料盆或养虫箱中，投入适量麦麸或玉米（约1厘米厚），天晴时投入少量菜叶，如白菜叶、甘蓝叶等。菜叶要新鲜干净不带水，适当撕得小一些。投放量一次不能过大，1片约10平方厘米的菜叶可够40～60条黄粉虫食用。菜叶若投喂过多，盆中湿度过大，饲料易霉变腐烂，导致虫患病。要常观察虫粪，若有潮湿结团现象应尽快清除粪便及杂物。

买来的黄粉虫幼虫，在饲养一段时间后会逐渐长大，有的虫开始化蛹，蛹又逐渐变为成虫（即黑甲虫）。黄粉虫的蛹和成虫也可以喂画眉。黄粉虫蛹脂肪含量高，不宜多喂，否则会使鸟过肥。食用黄粉虫过多，鸟会发生角膜炎、眼眵多、粪便颜色深并且发绿，发现这些症状，应尽快停止喂虫，多喂蔬菜、瓜果类食物。

用黄粉虫喂其他鸟的方法及注意事项与喂养画眉基本相同，要喂活虫，用死虫喂百灵鸟会引起肠炎，甚至死亡。在喂黄粉虫的同时适量投喂小米、蔬菜及瓜果类食物。

3. 喂养蝎子 黄粉虫是十分理想的养蝎饲料，只要养蝎场不是十分潮湿，投入的活黄粉虫仍可存活较长时间。另外黄粉虫还可取食蝎场内的杂物及蝎子粪便。养蝎的同时养黄粉虫，不但能保证蝎子常能吃到新鲜活虫，还能降低养蝎成本。饲喂时要注意以下几点。

第一，要投喂鲜活的黄粉虫。活动的黄粉虫易被蝎子发现和捕捉，也不会对蝎窝造成污染。

第二，喂幼蝎时用2～3厘米长黄粉虫幼虫较合适，投喂量须根据蝎龄的大小及蝎子捕食能力来确定。若给幼蝎喂较大的黄粉虫，幼蝎捕食能力弱，捕不到食物，会影响其生长；若给成年蝎子喂小虫，则会造成浪费，所以应依据蝎子的大小投喂大小适宜的黄粉虫，一般幼蝎投喂 1～1.5 厘米长的黄粉虫幼虫较为合适。必要时应现场观察幼蝎捕食黄粉虫情况，确定投喂虫的大小。

第三，在蝎子取食高峰期，投虫量应宁多勿缺。幼蝎一般蜕皮 6 次即为成蝎，每次蜕皮后会出现一个取食高峰，每个取食高峰都要多投虫，否则饲料短缺会引起幼蝎及成蝎间的自相残杀现象。对于成蝎不仅要增加投喂量，而且要常观察，在成蝎快捕食完时及时补充。

第四，蝎子一般夜间出来捕食，要保证夜间有足够量的食物，防止蝎群互相残杀。

4. 喂养鳖 鳖对饵料的蛋白质含量要求较高，最佳蛋白质含量在 40%～50%。而黄粉虫蛋白质含量较高，以鲜活黄粉虫喂鳖可补充多种营养物质，并提高鳖的活力和抗病能力。所以，黄粉虫是人工养鳖较理想的饲料。

以黄粉虫喂鳖不同于喂鸟和喂蝎子，因鳖在水中采食，要考虑到黄粉虫在水中的存活时间。将活黄粉虫投入水中后，其会在 10 分钟内窒息死亡，在 20℃ 以上水温 2 小时后开始腐败，虫体发黑变软，然后逐渐变臭。虫体开始变软发黑时就不能用作饲料了，如被鳖采食就会引发疾病。因此，以黄粉虫喂鳖，首先要掌握鳖的食量，一次投喂量以 2 小时内吃完为宜。春夏季水温在 25℃ 以上时，鳖食量较大，每天可投喂 2～3 次，投虫时将虫放在饲料台上，第二次投喂时要观察前 1 次投放的虫是否已被鳖食尽，若未食尽则不要继续投喂。秋冬季水温在 16～20℃ 之间时鳖的食量较小，每天投喂 1 次即可；如果有人工加温条件的，水温在 25℃ 左右，则可增加投喂次数，最好是少食多餐，以保证虫体新鲜。鳖生长季节鲜虫的日投喂量为鳖体重的10%左右较适宜。

5. 喂养蛇　黄粉虫也可作蛇的饲料，可直接喂幼蛇。喂成年蛇可与其他饲料配合成全价饲料，加工成适合蛇吞食的团状，投喂量要根据蛇的大小及季节不同而区别对待，一般为每月投喂3～5次。

总之，黄粉虫可用于饲喂许多动物，食肉性、食虫性、杂食性动物均可食用黄粉虫。饲喂方法也没有太大的区别。各地可根据情况，采用合适的饲喂方法。最重要的原则是要保证不能饲喂腐败变质的黄粉虫。

二、黄粉虫食品的加工

黄粉虫营养丰富，必需氨基酸比值与人体所需比值接近，尤其是与婴幼儿所需比值相符。黄粉虫脂肪也优于其他的动物脂肪，而且含有较丰富的维生素E、维生素B_2。同时黄粉虫还可以作为有益微量元素的转化载体，通过在饲料中加入无机盐，转化为各种生物态有益元素，成为具有保健功能的食品，补充人体所需的微量元素。但是在黄粉虫加工中必须严格清杂排毒，以保证食用的安全性。

目前黄粉虫食品的研究开发仍然处于初级阶段，特别是在食品和保健品中的应用还有待于进一步开发，前景广阔。

黄粉虫食品的加工工艺有其特殊性。除了前期严格的排杂工艺外，黄粉虫还有虾类食品和乳品的双重特性。以黄粉虫为原料制作的烘烤类食品具有昆虫蛋白质的特有香酥风味，适宜制作咸味食品及添加料；制作的饮料具有乳品及果仁香型口感，适宜制作高蛋白饮料或保健口服液。

1. 原形食品的加工 加工流程如下：

活虫排杂→清洗→固化→灭菌→脱水→炒拌→
烘烤→调味→成品

原料可以用黄粉虫幼虫，也可以用蛹。成品呈膨松状，金黄色，酥脆而香味浓郁。可调制成五香、麻辣和甜味等多种风味，做成小包装方便食品，亦可上餐桌。

2. 微波速食小食品 将经过精选的原料通过排杂、水煮、脱水机脱水等程序。放入微波炉中烤制成膨酥状，加入调料，即可食用。特别要注意的是微波加工的时间要随黄粉虫个体大小、虫体含水量，以及微波炉的功率而定。例如，黄粉虫幼虫，微波中等火力，每盘（约直径25厘米）100克幼虫，微波加工约9分钟即可；黄粉虫蛹，以同样的条件加工6分钟即可。

3. 黄粉虫酱的加工 将烘干的黄粉虫用胶体磨加工成酱状，调配适量食用油、花生粉或芝麻粉等，调味后制成系列酱类产品，称为"汉虾酱"，可单独作为产品，也可做酥糖馅、馅饼、夹心面包及各类包馅类食品。产品营养价值高，口感好。

4. 罐头食品 选择体态完整的黄粉虫幼虫或蛹，通

过排杂、水煮、脱水等程序，再经过清蒸、烧、炸、腌制及加入不同的调味剂，制成各种风味的罐头食品，具有耐贮藏、营养丰富、口味独特、食用方便的特点。其工艺流程为：

虫体清理排杂→清洗→固化→调味→装罐→排气→密封→杀菌→检验、标签→成品

5. 小食品系列 黄粉虫等食用昆虫经过排杂、水煮、脱水等程序，再经消毒、固化、微波烘干后磨成粉。其工艺流程如下：

虫体清理排杂→清洗→固化→脱水→烘烤→研磨→筛选→成品

该成品主要用于各种小食品添加剂，风味独特，可加工系列多种小食品，如锅巴、饼干、面包、月饼、酥饼、酥糖等。

6. 高蛋白虫浆 选用鲜黄粉虫经过清理排杂、脱水、磨浆、过滤，制成一种灰白色虫浆液。虫浆液可制成饮料、酸奶、高蛋白糕点，也可配制成酥糖馅、月饼馅等各种高档的点心馅料。其工艺流程如下：

鲜黄粉虫→清理排杂→清洗→磨浆→过滤→调配→成品

7. 黄粉虫酱油 在黄粉虫高蛋白虫浆液中加入水解蛋白酶，再经过滤、杀菌、调味、调色等工序制成。营养丰富，味道鲜美，香味浓郁，蛋白质含量较高，富含锌、硒、钾、铁、钙等多种微量元素，维生素远超过普

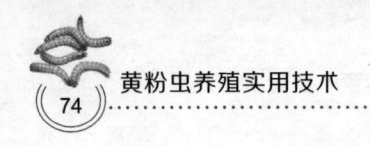

通酱油。该产品工艺流程如下：

鲜虫→排杂→清洗→磨浆→过滤→调 pH 值→
加酶水解→加热恒温→灭活→过滤→
调 pH 值→杀菌→调味调色→均质→
过滤→分装→成品

8. 黄粉虫冲剂 将黄粉虫高蛋白虫浆液以喷雾干燥工艺，调配制成乳白色粉状冲剂，制作小包装产品，亦可加工成各种冷饮食品。具体工艺流程：

虫体清理排杂→清洗→固化→研磨→过滤→均质→
喷雾干燥→调配→包装→成品

9. 黄粉虫蛋白粉 将黄粉虫经清理排杂、清洗、脱水、低温真空干燥、粉碎，然后采用碱法水解使虫体蛋白质充分溶解，再采用等电点、盐析或透析等方法，使蛋白质凝聚沉淀、分离并烘干，即得黄粉虫蛋白粉。具体工艺如下：

虫体清洗排杂→灭活→烘干→洗涤→水解→提取分离→
洗涤→烘干→粉碎→筛分→成品

蛋白粉主要应用于食品添加剂、营养保健品原料、青少年成长的营养提高、疾病患者的营养补充。也可进一步以酶水解法制作复合氨基酸口服液，作为补充能量的运动员饮料，或制成粉剂，生产具有高附加值的氨基酸胶囊。

三、黄粉虫提取物的综合利用

试验证明，黄粉虫综合提取技术的主要产品——黄粉虫蛋白粉、油脂及副产品几丁聚糖——可广泛应用于医药、保健食品和化妆品等领域，还可衍生出更多种类的高端新产品（图4-1）。

通过动物试验和多项检测确定，黄粉虫油可促进细胞生长及再生，对于皮肤烫伤与创伤具有良好的恢复功能，其效果优于京万红软膏和沙棘油等常用烫伤药，可用于制作烫伤药膏及创伤贴。黄粉虫油含有丰富的不饱和脂肪酸和抗氧化成分，具有延缓衰老、调节血脂功效，可用于生产降血脂的保健品。黄粉虫蛋白质和油脂均为化妆品优质原料，具有优良的氨基酸配比和多不饱和脂肪酸，十分有利于人体皮肤的吸收，并可促进皮肤细胞再生和营养平衡，具有抗皱保湿之功效。

近年来，西安市轻工业研究所成功利用黄粉虫提取物制作出优质化妆品，如黄粉虫油（商品名：特利博油）、活性滋养美容乳液、活性保湿美容膏、滋养润肤面膜粉、抗皱保湿面膜粉等产品，具有良好的功效，还可衍生出系列化妆品及套装产品，在经过数年小范围试销试用后，受到了众多用户的欢迎。

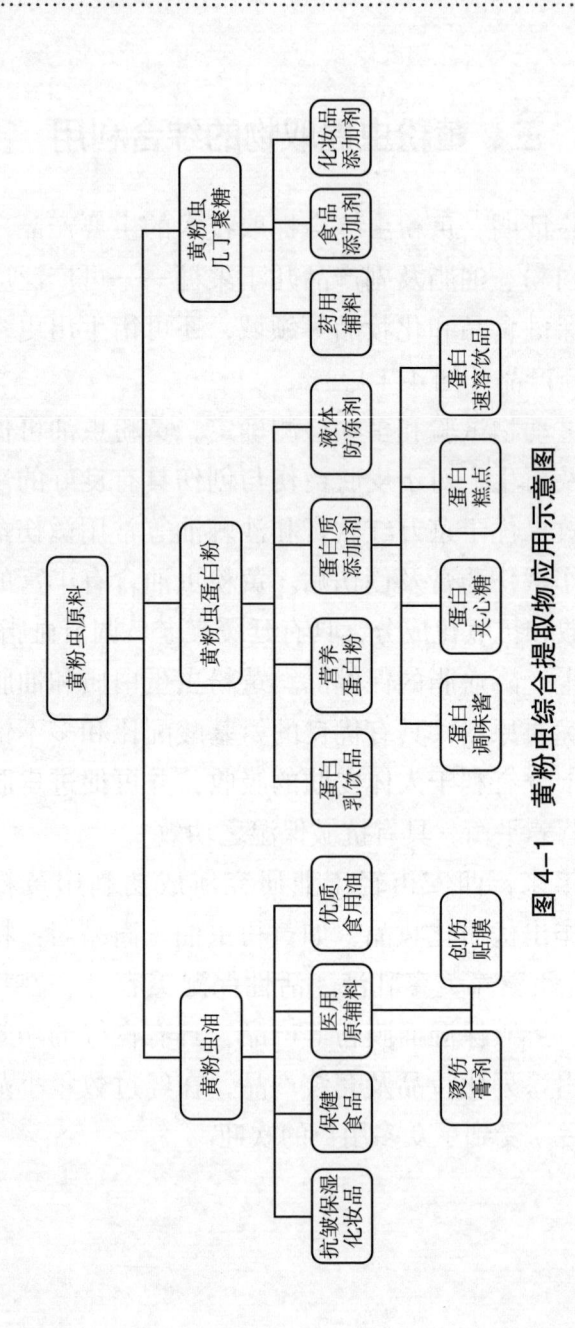

图 4-1 黄粉虫综合提取物应用示意图

第五章
养殖户问答

一、如何掌握市场信息？

每个养殖户都会问的问题是，黄粉虫市场究竟怎么样？前景如何？笔者的回答是：市场怎么样要自己看。俗话说："眼见为实"。有人说黄粉虫市场特别好，某某人卖虫发财了，报纸上登了、广播电台上说了、电视台也播了，可是我养的虫怎么就是卖不出去？

针对这样的问题，笔者的观点是：现在是市场经济，从目前黄粉虫市场来看，市场需求量在迅速增长，正在逐渐向良性循环发展。如果说两年前是炒作虫种市场，随着养殖户养殖技术与经验的增加，两年后必然会走向规范的原料与产品市场。目前主要是大量地出口干虫，国际市场的需求量也在逐年增长。如果黄粉虫食品、保健品市场打开以后，对黄粉虫原料的需求量应该是十分可观的。

目前黄粉虫市场可以分为三大类：

第一类，饲料市场。传统饲料市场主要是在各大城市的花鸟鱼虫市场,主要以鲜活幼虫出售,用于饲喂观赏鸟类、观赏鱼及其他宠物。近年来黄粉虫干虫已经进入宠物饲料市场,并逐渐被行业所认可,市场需求量逐渐扩大。过去宠物饲料的蛋白源主要依赖于畜禽生产的下脚料,由于传染病的传播,发达国家已经逐渐停止使用畜禽下脚料作为饲料,致使鱼粉的价格成倍提高,黄粉虫作为鱼粉的替代品,成为高级蛋白质饲料市场备受关注的产品。预计未来黄粉虫干虫的市场将会逐年扩大。

第二类,食品保健品市场。目前国内对于黄粉虫食品、保健品和化妆品的研究较多,有许多成果有待走向市场。

第三类,深加工产品。综前所述,以黄粉虫为原料加工的虫油、蛋白质和几丁质已经受到相关行业的重视,相信在不久的将来,以黄粉虫为原料的多种产品将会面市。

二、如何决策是否养殖黄粉虫?

这是读者咨询最多的问题,也是最难回答的问题。前文讲了很多,建议在决策不定时,先上市场跑跑看看,再勤上网查查,向周围的人多问问,综合分析后再做出决定。实在不好决定时,可以先少量养一些,熟悉一下黄粉虫的习性。待市场明朗时,再扩大生产。

三、如何看待不同的养殖方法?

每个人只要初步了解黄粉虫后,都会认为黄粉虫很好养。但是要工厂化养殖，最大限度地提高质量，并将成本降到最低，实现可持续性发展，则是比较复杂的问题，需要不断探索和实践。

关于养殖方法的优劣不可一概而论。因为每个养殖户都有自己的一套养殖方法，最初可能是从书本或其他渠道学来的，之后总结改进成为自己的技术方法。任何技术都有可能被新的、更好的技术替代。养殖户不但要认真学习书上介绍的技术，还要在养殖过程中根据自己的实际情况，不断探索改进，摸索出一套适合自己的养殖方法。

四、如何控制黄粉虫养殖的生产规模？

经常有盲目上马的养殖户，在养出大量成品虫时却找不到销路。此时应按照前文讲过的方法，及时控制黄粉虫繁殖和生长的速度。例如，减少饲料的投喂可延长幼虫生长期，使虫长得更大一些，推迟出成品虫的时间。

五、当前国内黄粉虫养殖市场如何？

近 20 年来，黄粉虫市场形成了较稳定的发展。2000年以前黄粉虫主要是作为药用动物饲料、动物园动物饲料及宠物和观赏鸟类的饲料。市场需求量较小，就西安市花鸟鱼虫等市场的调查，1998 年全市平均每天黄粉虫的交易量不足 50 千克。2000 年后由于人工养殖技术的推广，黄粉虫养殖户逐渐增多，应用范围也逐渐扩大，尤其是黄粉虫干虫替代鱼粉和畜禽下脚料养殖高档水产

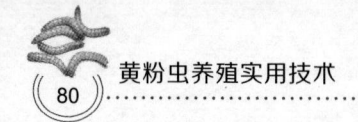

动物等，都较大地提高了黄粉虫的市场需求量。

2003年起，随着媒体的宣传报道，催生了一批黄粉虫养殖技术推广企业，并带动了一大批黄粉虫养殖户。但养殖量的增长，远远超过了市场需求量的增长。大多养殖户在养殖初期并没有找到可靠的销售渠道和市场，造成了大量成品虫的积压。掌握黄粉虫销售渠道的企业则趁机打压收购价，致使很多养殖户亏本。

在这里提醒大家：对于新闻媒体和网络上的宣传要有一定的鉴别能力，市场仍需要自己去了解。

2004年以前，每天能生产50千克黄粉虫就算是养殖大户了；如今，每天可生产250千克黄粉虫的养殖户已经算不上大户了。2003年我国出口黄粉虫干品不足600千克，而到2008年出口在千吨以上。根据奥特奇公司发布的2015年度《全球饲料调查》显示，2014年全球配合饲料的产量相比2013年增长2.4%，接近9.8亿吨。从此数据看，国内黄粉虫养殖还有非常大的潜力可挖，随着国际市场也在逐渐认识和了解黄粉虫，市场需求量在逐年扩大，期望企业和科研院所联合，为黄粉虫养殖与深加工提供技术支持，尽管目前有不少困难，但市场前景还是很广阔的，需要进一步去开发。

六、初次养殖黄粉虫应该注意哪些问题？

由于各个地区的市场行情和个人的具体条件不同，选择养殖黄粉虫需考虑以下问题。

第一，了解当地较大的花鸟鱼虫市场行情，随时掌握市场价格和需求量。如果收购价较低，收购量很少，可以认定当地市场比较饱和。

第二，走访邻近养殖户，通过交流可以了解一些市场信息。要谨防上当受骗。

第三，上网了解行情。互联网上有很多与黄粉虫有关的网站和信息，可以作为参考。也可登录与黄粉虫相关的论坛、加入各种与黄粉虫有关的QQ群等进行信息交流，了解市场。

第四，计算养殖成本。有这样的养殖户，养出的成品虫卖出时只卖了个饲料成本价。例如，2008年麦麸每0.5千克0.65元，养殖0.5千克黄粉虫消耗1.5～1.75千克麦麸和大约0.5千克的蔬菜。这样，养殖0.5千克黄粉虫的饲料成本大约在3元左右。加上虫种费、人工费、水电费、场地使用费、虫患病死亡的损耗以及一些不可预见的费用等，都会使养殖成本超过3.5元。有养殖户这样讲：4元卖出没工钱，等于白忙活一场；5元卖出等于打小工，没房钱和水电费；6元卖出才够本。当然个人的条件不同，养殖成本也会不同，如此核算仅供参考。

养殖成本和每个养殖户的养殖技术、经营方式关系很人。增大养殖成本的因素很多，主要有：购买了高价虫种；不掌握活虫运输技术，在运输中大量死亡；养殖场保温性能差，冬季采暖和夏季降温费用高；养殖技术不过关，死亡率高；饲料中含有杀虫剂等造成黄粉虫的大量死亡。

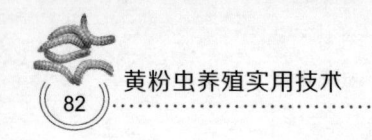

七、如何看待加盟养殖企业？

相关养殖企业加盟与产品收购问题养殖户咨询较多。较有实力的企业如果因为自己生产需要或者拿到大量的供货订单，在自己养殖实力不足的情况下会积极发展一定的养殖户加盟，为其在一定时间内生产足以保证其需要的原料。这对养殖户来说是一件确保稳定收入、没有后顾之忧的好事情，养殖户通过加盟可以免费得到技术指导服务，少走弯路。如此长期合作保证稳定生产，是一种不错的运行模式。

但是，近年来有一些养殖企业在自己没有稳定销路的情况下，大量征集养殖户加盟。其加盟费少则数千元，多则数万元，加盟条件之一是必须购买其高价的"虫种"，而收购成品虫的价格往往却比较低廉，许多加盟养殖户1年后发现自己养殖数吨黄粉虫也赚不回成本，后悔不已。

养殖户在考虑选择加盟的时候一定要慎重。首先要了解该企业的实力，是否真实可靠及稳定；合同是否合理公正；收购价是否公平等。如果加盟一个稳定可靠的企业，等于进入了发展的快车道；如果选错了企业，则会造成经济损失。当前黄粉虫市场逐渐走向规范，养殖成本也是市场竞争之本。

八、如何选择养虫箱？

由于黄粉虫养殖市场的逐渐扩大，对养虫箱的需求也在增加。除了木质养虫箱外，市场上还有不同质量的塑料箱、纸箱等。不同材质制作的养虫箱价格、质量参差不齐，可根据养殖场实际情况和投资条件来选择。不同材质的养虫箱的优缺点如下：

1. 木箱 木质箱子材质有实木板、木工板、复合板、密度板或刨花板。无论是什么材质，尽量在甲醛和乳胶气味消失后再开始养虫。不要用甲醛气味较大的木材制作养虫箱。

木质养虫箱的优点是：有一定的吸水性，不易积水，保温性较好，适合虫爬行运动，结实耐用。缺点是：如果使用含有甲醛气味或其他异味的板材制作养虫箱，对黄粉虫有一定的伤害，影响其生长和繁殖，甚至会导致死亡。黄粉虫幼虫在缺少饲料的情况下，会咬食木材的松软部分，甚至可以咬穿箱壁，跑出箱外，但只要注意及时饲喂，就可避免该情况发生。木箱即使有极小的缝隙也会使小的幼虫爬出去，制作工艺要求较高，因此制作成本也会相对高一些。

2. 塑料箱 大多是压塑成形，有薄有厚，塑料种类多，形状也各有差异。

塑料箱的优点是：规格整齐，摆放稳定，内壁自然光滑，不用贴塑料胶带，也不会有缝隙，虫不会爬出，搬运轻便省力。缺点是：价格高；有的压模塑料箱含有有机溶剂气味，一定要用洗洁精清洗干净，晾晒干透后再使用；塑料箱内局部冷热区别大，内壁容易积水，可能形成局部湿度过大，导致黄粉虫易得病。

3. 纸箱 有不同材质，多数用带有塑料覆膜的纸板，也有用塑材瓦楞包装纸材料，强度较好。

纸箱的优点是：经济实惠，轻便好操作，内壁自然光滑，不用贴胶带，也不会有缝隙，虫不会爬出。缺点是：由于整体内壁贴膜或者塑料材质，内壁容易积水，保温性差，容易出现局部湿度过大。

养殖者可根据自己的实际情况选择养虫箱。无论选择哪一种，都要求内壁光滑，虫不会爬出，可有效控制箱内湿度。

九、如何培育虫种？

目前很多养殖户在尝试自己培育虫种。黄粉虫本是一种仓库害虫，在自然的粮食仓库里作为一种害虫存在。经过上百年的人工养殖和培育，该虫有了更多的适应性，但是种质逐渐退化，主要在于批量出现个体退化，出现小老头幼虫，即虫总是长不大也不化蛹，出现干缩现象；抗病能力差，老熟幼虫个体变小，环境稍有不适就会提前化蛹。加之，许多养殖户管理不当，造成黄粉虫生长环境不良，黄粉虫患病现象近年逐年增多。这些现象在20年前很少发生。

黄粉虫在自然环境下的产卵量在每头100～380粒。如果繁殖组雌雄成虫数量各半，最低繁殖量应该在50倍以上。受养殖技术和环境影响，10%左右的虫卵受到损伤不能孵化。试验证明：如果提供优良的生长环境和养殖技术，每头黄粉虫雌虫的产卵量可高达800粒以上。

目前市场上的黄粉虫大多都已经严重退化。

良好的虫种不仅要有较大的个体，还要有较强的抗病能力、较高的繁殖量和相对稳定性。从自然环境中寻找野生黄粉虫作为种质资源培养虫种是最佳途径。

十、如何设计黄粉虫的饲料配方？

本书列出的饲料配方，仅供参考。读者在实际应用过程中不必生搬硬套可根据当地实际情况寻找较为经济的饲料原料。黄粉虫是杂食性动物，很多农产品废弃物可以用作其饲料。无论应用什么饲料，加工饲料时都必须坚持三个基本原则：一是饲料含水量不得超过13%；二是饲料的颗粒度要小且较为松散（类似麦麸），适合黄粉虫摄食；三是营养配比相对均衡，不仅要有相当的蛋白质含量，维生素、微量元素和脂肪也不可缺少。例如，有的地方有酿酒厂，有大量的廉价酒糟可以利用。酒糟中含有相当多的蛋白质和微量元素，适当添加一些麦麸或者玉米粉，可以满足黄粉虫的营养需要。但由于酒糟含水量较大，且残留有酒精，需要通过挤压、暴晒或烘烤，再添加部分麦麸或其他干粉性状的饲料搅拌后晾晒，干燥后才可作为黄粉虫饲料。豆制品加工的下脚料豆渣，马铃薯、薯类提取淀粉后的废渣都含有很好的纤维素，黄粉虫可以充分地消化利用。麦糠、稻糠、大豆、花生、芝麻和其他油料作物榨油提油后的油渣豆饼，都含有丰富的蛋白质。这些原料经过处理加工，都是很好的黄粉虫饲料。

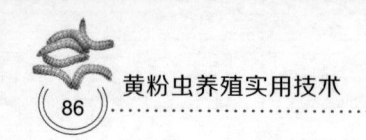

十一、饲料加工应该注意哪些问题？

无论以什么原料作为黄粉虫饲料，都要坚持以下原则：干燥、防粮食害虫、防霉变、防添加剂和杀虫剂的污染。

烘烤或晾晒可使饲料含水量降到13%以下，有利于较长时间的保存；还可除去饲料中有害气体和成分，杀死饲料中的害虫和虫卵；少量的霉变也可通过暴晒烘干除去，但是有较多霉变的饲料则不能饲喂黄粉虫。

注意含水饲料的安全性。有的养殖户为了节约饲料成本，在菜地或蔬菜批发市场收捡遗弃菜叶。然而，这些蔬菜在采收前可能刚刚打过农药，用其饲喂黄粉虫可能会给养殖场带来毁灭性的灾难。

十二、黄粉虫患病死亡的主要原因有哪些？

黄粉虫批量死亡的原因有两大类：

一类是饲料带毒致死。这类中毒死亡现象的最重要特点是症状整齐，如果毒性大，虫会在一天内集体失去活性或者死亡率在60%以上；如果毒性较小，毒性的蓄积和虫中毒发作需要一定的时间，症状会在3~5天内逐渐显现。黄粉虫取食带毒饲料后逐渐失去活性，不取食，逐渐死亡。饲料带毒的可能性有：成品饲料、各种饲料添加剂含有杀虫剂，瓜果蔬菜残留农药也会含有杀虫剂。

另一类是染病致死。黄粉虫幼虫在初龄期（大约孵化后 50 天以内），一般情况下很少患病，大概是由于这个阶段虫体抗病力较强的原因。在成虫化蛹前 1 个月是易患病期。疾病主要有两种：一是干枯病，二是黑腐病。

干枯病初期幼虫表现不活跃，不取食，基本停止生长，以后虫体逐渐干缩，颜色发白。用放大镜仔细观察，有时可以看到虫体表有螨虫附着，或者滋生菌丝。染病原因可能有螨虫寄生传染病菌，也可能由饲料带入病菌感染虫体。该病一般发病率不高，对生产的影响不是很大，也不被重视；但如果发病率高，就会对生产造成影响。

黑腐病初期幼虫表现为不活跃，不取食，虫体开始膨胀，自两头或中间开始变黑，逐渐全部变为黑色、松软状，触及易破并流出黑色体液。这种黑色体液含有大量病原菌，如果不及时处理，可能会在 20 天之内感染整箱的黄粉虫，危害极大。

对于黄粉虫的疾病，目前还没有有效治疗方法。主要以预防为主，从养虫箱到饲料都要严格把关，粮食类饲料必须经过烘烤或暴晒，不用带有粮食害虫和病菌的饲料。不用曾经接触过病虫的虫作虫种。平时勤观察勤处理。在病害个别发生期及时发现及时处理。处理方法是：将死虫及体色有些发暗、发黑和不大活跃的虫尽快挑出。清理虫粪和杂物后将正常虫移至干净的养虫箱中。病害发生严重时，挑拣病虫费时费工，也会增加更多污染机会，最好的处理方法是及时全盘销毁处理。清理出

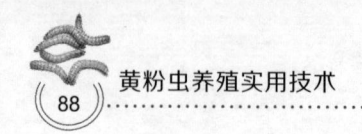

的病虫一定不要随意丢弃，应与其污染的杂物一起焚烧或掩埋。病虫污染的养虫盒等用品也要及时清洗并在太阳下暴晒消毒，严防交叉污染。

据统计，黄粉虫患病主要是由于湿度过大造成。化蛹期的前1个月要严格控制养虫箱内的湿度。含水饲料不能在阴雨天投喂也不能在箱内过夜。养虫设备要随时清理，保持卫生干燥。

病虫与中毒虫的表现有所不同，病初发病虫较少，发病率和死亡率往往在3%以下，以后的5～20天内发病率和死亡率会逐渐增多；中毒虫发病较急，表现症状整齐，初期具有中毒症状者可在50%以上，1周内80%以上虫会有明显症状。

十三、如何选择养殖场地？

养殖黄粉虫对场地要求并不高，养殖场所要能够四季保温在20～30℃之间；养殖场所要能防潮湿、防风雨、防鼠虫鸟的侵害。这样的要求普通民房都可以达到。由于养殖产业需要计算养殖成本，要尽可能降低初期的投资。有条件的养殖户可以考虑修建经济实惠的半地下大棚养殖。其优点是：冬暖夏凉，保温成本低，具有自然湿度。但需要有良好的通风设施，室外必须有排水沟。

十四、黄粉虫被害虫污染后如何处理？

由于黄粉虫的生存条件与大多数粮食害虫相同，在卫生条件差的情况下，养虫箱内也会出现各种粮食害虫。

少量的害虫不会对黄粉虫的生产造成影响。但如果害虫过多了，不仅会与黄粉虫争夺饲料，提高养殖成本，还可能带入各种传染病，造成损失。很多粮食害虫是杂食性的，会取食黄粉虫的卵。

养殖场最常见的粮食害虫有：赤拟谷盗、锯谷盗、皮蠹类、麦蛾类和一些螟蛾类。这些害虫的主要来源是饲料，如麦麸和玉米中就可能带有大量的害虫卵，如果使用存放时间久的陈旧饲料，被害虫污染的概率就较大。所以，饲料的处理很重要，暴晒、烘烤都可有效杀死害虫和虫卵。平时要注意保持饲料存放场地的卫生。

如果养虫箱内已经出现很多害虫，就要及时清理分离害虫，并及时杀灭。

十五、如何利用作物秸秆作黄粉虫饲料？

黄粉虫可以消化经过一定处理加工的木质纤维素。如各种作物的秸秆、藤蔓、树叶、甘蔗渣、苹果渣、锯末等都可以加工成黄粉虫的饲料。这就极大地扩展了寻求廉价饲料的途径。新鲜的或者干燥的秸秆，不适宜直接饲喂黄粉虫。黄粉虫消化道含有一定的纤维素消化酶，其虫粪中也含有这些酶类。因此利用虫粪作为发酵剂发酵秸秆，可以取得理想的效果。

在此介绍一种简单的处理方法，供参考：取干燥麦秸50千克粉碎（越小越好），取黄粉虫幼虫虫粪（最好是大幼虫的虫粪）2.5千克，清水12.5～17.5千克，大塑料袋若干。将虫粪倒入水中搅匀，静置20～30分钟，倒入麦秸粉中拌匀，10分钟后再次搅拌，水的含量要根据搅拌的性状适当调整。要使秸秆尽可能浸足水分，但是也不能让水往下渗流。将拌好虫粪水的秸秆粉装入塑料袋中封口，发酵过程中会产生大量的气体，塑料袋要留有适当的出气孔。如果日气温在23℃左右时，3天后打开塑料袋再搅拌1次，15天后观察秸秆，用手捏掐，感觉是否已经松软。如果秸秆已经相当松软，即发酵完成；否则，需要封袋继续发酵，直至秸秆达到理想性状。除了麦秸以外，玉米秸、木屑和其他农作物秸秆均可参考此方法加工。

发酵好的秸秆经过晾晒或者烘烤干燥，使其含水量降到13%以下才可使用。使用时还要添加适量的麦麸和玉米。发酵秸秆粉、麦麸和玉米的比例约为6:3:1。

十六、如何利用酒糟作黄粉虫饲料？

酿酒的过程主要消耗粮食里的淀粉和糖类，酒糟中还含有较高的蛋白质和其他营养成分。近年来有些大的酒厂为了节能环保，专门建设酒糟加工生产设备，将酒糟经过烘干筛选制成酒糟粉，作为动物饲料。酒糟粉含有14%～20%的蛋白质，比麦麸的蛋白质含量高。虽说酒糟含有一定营养成分，但是要作为黄粉虫饲料，其营养还不够全面，使用时必须加入一定比例的麦麸和玉米。

有的地区只有未加工的含水酒糟，必须将其处理成干粉后才能饲喂黄粉虫。酒糟的简单处理方法是脱水。

普通酒糟含有60%左右的水分，还有残余的酒精。首先将酒糟用纱布或滤布包好，挤压出大部分水分。然后加入20%～40%的麦麸拌匀，使其成为松散状，再经过暴晒或烘烤，使其含水量达到13%以下。脱水的同时也去除了残余酒精，酒糟中的麦糠或者稻壳可以筛除。用这种饲料饲喂黄粉虫效果不亚于麦麸、玉米配制的饲料，其成本却不到普通饲料的50%。

不同酒厂废弃的酒糟性质也有区别，要根据具体情况设计加工方案。

十七、如何简易鉴别虫种质量？

这里介绍一种把握简单有效地鉴别黄粉虫虫种质量（幼虫活性）的方法——手抓感觉法。用手抓一把黄粉虫幼虫（大约2克，大幼虫12～20条，小幼虫要多一些），将幼虫牢牢握在手心，不要留给虫钻出的缝隙。大约10秒钟后，可以感觉到虫开始在手心蠕动。蠕动的速度和力量可以说明虫的活性。如此即可检验出虫的活性如何。此法全凭个人经验，要经过多次训练，才能准确掌握要领。注意小幼虫和大幼虫蠕动的区别。此外，虫的蠕动与季节和室温有一定关系。一般生长季的幼虫在适宜温度时活性较强，在蜕皮期、化蛹期和低温季节活性较差。

十八、引进虫种应注意哪些问题？

市场上出售黄粉虫虫种的渠道很多。刚开始接触黄粉虫的养殖户还没有鉴别虫种质量的能力，不建议大量

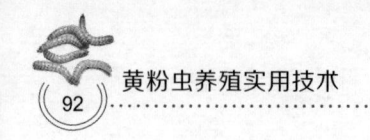

购买价格较贵的虫种,以免上当受骗。

建议的引种办法是:多渠道、多产地、少量多批地购买产品虫(不要作为虫种买)。就是说,可以在多个不同的地区、养殖场购买多个来源的种虫,每次少买一些,如一个点买1千克,5个点就可买5千克。将这些种虫分开养殖,从化蛹到羽化繁殖,就可以明显地看出虫种区别。然后在不同来源的虫种中选择个体大、活跃的成虫混养,也就是用不同来源的虫种进行混交。以后每批虫也都选择优秀的个体进行混群繁殖,如此坚持,就可能培育出优秀稳定的黄粉虫虫种。

十九、如何找到野生黄粉虫?

从一些养殖户咨询的问题了解到,目前各地黄粉虫无论质量好坏,都出现了严重的退化现象。这些虫长不大、易患病,老熟幼虫超过9000条/千克;普通虫种正常的老熟幼虫应该是少于6000条/千克。1986年,笔者在河北省的一个饲料仓库里采集到的野生黄粉虫幼虫大约7000条/千克。如果人工养殖的虫还不如自然环境下生长的虫质量好,就说明前者已经严重退化。

有的企业在推销黄粉虫虫种时宣称其虫种是在山区及森林中采到的野生黄粉虫,经过数代,培育出的优良品种,保持了黄粉虫原有的活性和抗病能力等。对黄粉虫稍有了解的人都知道这是不可能的。黄粉虫数千年随人类生产活动,早已适应仓库的生活,在室外自然环境中已经不可能生存了。目前要想找到原始的野生黄粉虫，只能到我国黄河以北地区的粮食仓库或者饲料仓库去寻找。近年来大多数粮食仓库和饲料仓库防治病虫工作都做得很好，不易找到黄粉虫。在一些地区卫生条件较差、虫害较多的陈旧仓库，或许还能找到原始的黄粉虫个体。如能采到这种珍贵的野生黄粉虫，也可能培育出好的品种来。

二十、黄粉虫虫种的选择标准是什么？

前面讲到一些培育、繁殖黄粉虫的办法。养殖黄粉虫也像种庄稼一样，每代或者每年都需要更新虫种，才能保证生产质量和产量。这里介绍选择黄粉虫虫种的标准。

其一，虫种及其上一代没有疾病史，特别是传染性的疾病。

其二，老熟黄粉虫个体要大，每克虫数要在6.5只以下。

其三，群体尽可能个体均匀、大小一致，化蛹和羽化相对整齐，有利于生产操作。

其四，不能带有其他害虫。

其五，虫种的活性要好，食性杂，不挑剔饲料。

所选的虫种要符合以上条件，在培育虫种时还应该给予幼虫和成虫优良的饲料，适当添加高蛋白质饲料豆粉、糖、复合维生素等。养殖户要根据自己的实际情况，不断总结经验，摸索出自己的育种方法。

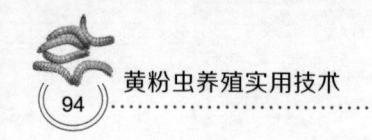

二十一、怎样提高黄粉虫成虫的产卵量？

作为繁殖用的黄粉虫，在饲料配方中应该有一些特殊营养。高蛋白质饲料最好选择豆饼或豆粉。不建议添加鱼粉，因为有些鱼粉里添加了杀虫剂和防腐剂，对黄粉虫有害。也可以在饲料中添加3%奶粉和5%白糖，有条件的可以添加2%～3%蜂蜜。试验证明：给黄粉虫成虫的饲料中加入3%的蜂蜜，在一定条件下可以将黄粉虫的产卵量提高到每条600～800粒。不过近年来蜂蜜的掺假十分普遍，要慎重选用。

二十二、黄粉虫能够吃麻雀和老鼠吗？

曾经有人将误入养虫室的麻雀打死后投进养虫箱喂黄粉虫幼虫，一夜之间麻雀仅剩下了羽毛、白骨。黄粉虫是杂食性昆虫，一箱幼虫吃掉一只麻雀也不足为怪。也有人给黄粉虫喂老鼠，这种做法是错误的。麻雀体内含水量小，作为幼虫食物还算合适。而老鼠体内含水量大，会给黄粉虫带来危害，况且老鼠还会传播各种疾病。所以，千万不要给黄粉虫喂老鼠。

二十三、黄粉虫初龄幼虫如何饲喂菜叶？

幼虫孵化初期称为初龄幼虫，幼虫孵化后在20天以内尽量不要喂菜叶。因为这个阶段幼虫需要水分很少，完全可以从空气和饲料中得到需要的水分。而且这个阶段幼虫对水分十分敏感，虫体很小，还不能筛除虫粪，如果菜叶含水量稍微多一点，饲料、虫粪就很容易霉变，引发幼虫疾病。在幼虫长到20～30天的时候，用60目网筛筛除虫粪后，方可以开始适量投喂含水量少的菜叶。

长度超过1厘米的幼虫可以开始饲喂菜叶，其比较娇嫩，对菜叶的选择要注意含水量不能过高，还要有适当的含糖量。甘蓝是最好的选择。不要喂给大片菜叶，应将菜叶切成或者撕成5分硬币大小较为适宜。菜帮、菜根较厚部分一定要切得薄一些。如果叶面含有水珠，应晾干后再用。

当天投喂的菜叶千万不能在箱内过夜，否则菜叶会腐败导致黄粉虫染病。

二十四、用菜叶喂黄粉虫的注意事项有哪些？

给幼虫适量饲喂菜叶主要是为其补充水分和维生素，从而提高饲料的利用率，增强黄粉虫活性，加快生长速度。选择什么菜、怎么处理、什么时候喂和怎么喂，应遵循以下原则。

第一，含水量不能过大，如冬瓜、白菜帮、茼蒿、西瓜瓤、甜瓜等瓜果蔬菜不能选择。

第二，不能选择辛、辣、香类蔬菜，如芹菜叶、香菜、洋葱、辣椒、大蒜等。

第三，饲喂菜叶前最好切小一些，以使黄粉虫取食均匀。减少生长大小不均现象。

第四，必须甄别所选蔬菜近期是否施过农药或者其他药剂，如果怀疑，就尽量不要用。施过农药的菜叶不

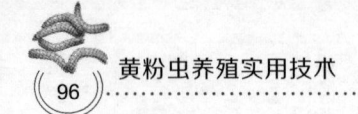

能使用。因为极其微量的农药残留都会富集到虫体内，造成慢性中毒，导致黄粉虫死亡。

五是选择合理的菜叶投放量和投放时间。室内湿度大、天气闷热、天阴下雨、梅雨季节等都需慎重饲喂菜叶。根据黄粉虫的龄期、密度、室内和养虫箱内湿度，决定菜叶投放量。最佳饲喂方案是：早晨筛除虫粪后先饲喂饲料，然后再投放适量菜叶。随时观察黄粉虫取食菜叶的情况，3～6小时后虫基本不吃菜叶了，再将剩余菜叶挑出。切记：菜叶不能在养虫箱中过夜。在空气干燥、虫体缺失水分的情况下，菜叶投放量以虫在4～6小时内吃完为宜。以上需要养殖户反复观察摸索，总结经验。

二十五、如何确定筛除虫粪的时间？

在孵化初期，由于有大量的饲料可供初孵幼虫取食较长时间，加上在此期间幼虫很小，体质幼嫩，因此不可筛除虫粪。15～30天的时候，幼虫已经基本将箱内饲料吃完，虫体长度约0.5厘米，即可用60目筛网第一次筛除虫粪。

幼虫生长到30天以后应该缩短筛除虫粪的间隔时间，原则上是2～3天筛除1次。所以，每次投放饲料的量也要控制在2～3天虫刚好吃完的量。对于各种原因造成养虫箱内湿度过大，虫粪与饲料结成块状，就要尽快筛除分离虫粪，以防虫患病。

饲料投喂量和筛除虫粪的时间需要养殖户自己摸索，

可以通过观察虫粪中的饲料含量来判断。如果虫粪中已经不含有饲料，即可筛除虫粪。虫粪筛除过早，会浪费部分饲料；虫粪筛除过晚，会影响幼虫生长，也会增加患病的概率。

每次投喂含水饲料后，会增加养虫箱内的湿度。虫粪和饲料容易腐败变质，此时也应及时筛除虫粪并清理养虫箱内杂物。

二十六、如何清理养虫箱内杂物？

每次清理养虫箱内虫粪时，对于幼虫的蜕皮、残余的菜叶、果皮及其他杂物，在每次筛除虫粪后可以用簸箕除去。因为蜕皮上可能携带寄生虫和病菌，因此，该步骤十分必要，建议每次筛除虫粪以后，都用簸箕簸一遍。

二十七、如何保证卵孵化率与幼虫成活率？

初次养虫的朋友经常会问："我的黄粉虫产卵怎么不见幼虫孵化出来？孵化出的幼虫怎么很少？"

这种情况提醒养殖户首先不要着急，观察幼虫孵化要有耐心。书本上讲的卵孵化时间只是参考，实际生产中，季节、温湿度、饲料和虫种质量等都会影响卵的孵化时间。初孵化的幼虫很小甚至透明，观察最好使用放大镜。一般观察到有饲料"蠕动"，就可以知道已经有幼虫孵化出了。千万不要随意触动带卵的饲料，人为地挪动、触动都会造成虫卵大批死亡。一个无意的轻微触压，就有可能伤害数十甚至上百条幼虫或卵。

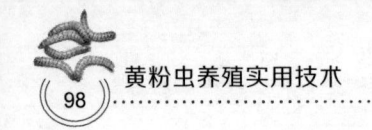

卵的孵化率一般在正常情况下都可以达到95%以上，影响孵化率的主要因素有：虫种质量、卵的天敌（粮食害虫、肉食性螨虫等）、湿度大、饲料霉变等。

幼虫孵化后20天之内尽量不要触动小幼虫。由于其中还含有大量的饲料，足够幼虫食用很长时间，也不要添加饲料。这个阶段也不要饲喂菜叶，此时喂菜叶对小幼虫是很危险的。这期间幼虫抗病能力较强，影响小幼虫成活率的原因主要是人为伤害、天敌和湿度。

二十八、初龄幼虫的饲养管理注意事项有哪些？

很多初次养殖黄粉虫的朋友看到很小的幼虫不知如何下手操作。其实黄粉虫幼虫初期不需要太多的饲养管理，只要保证一定的温湿度就可以了。从第一次筛除虫粪开始，也就是饲养管理的开始。

二十九、幼虫箱内出现化蛹怎么办？

首先要强调的是虫蛹不会吃饲料，千万不要给虫蛹投喂菜叶等含水饲料。幼虫生长逐渐到成熟期，留意观察是否有个别的早熟幼虫开始化蛹。这些早熟幼虫大多个体很小，化蛹也很小。以后箱内幼虫每天都会有新的蛹出现，蛹的数量逐渐增多，个体也逐渐增大。每天必须及时将新化的蛹挑出，选择其中个体大化蛹时间整齐的蛹集中养育留作虫种。

同一批幼虫，会有一段时间化蛹率特别高。蛹要放在空箱子里，箱底部铺少量麦麸，蛹不要重叠摆放，最好平放一层，以免互相影响。将当天收取的虫蛹放在一个箱内待其羽化。如此可使羽化、交尾产卵整齐化，更有利于下一代的幼虫整齐化。

蛹虽然不吃不动，但体内此时正在进行复杂的生理过程，触碰和震动都可能影响蛹的正常羽化，如挑拣蛹时的触碰，或被其他幼虫伤害，虽然看不出它体表有破损现象，但是体内已经受到伤害。这些受到伤害的蛹就不能正常羽化，或者羽化成不正常的成虫。如发生残足、残翅等现象。

三十、部分黄粉虫蛹在羽化前为什么会变黑？

收取的蛹往往会出现一定的死亡和残疾。一般蛹的残疾和死亡率在10%以内属于正常现象，如果接近或者超过10%，就要找出原因并采取补救措施。致使蛹受伤死亡的原因主要有两个：外力致伤，幼虫期患病造成。

外力使蛹受伤，如幼虫期或者化蛹时被其他幼虫咬伤，也可能是筛除虫粪和挑拣蛹时不得法使其受伤。这些受伤的蛹大多局部有明显的灰褐色或黑色淤斑，有些也可以羽化，但是羽化出的成虫多有残疾。

幼虫期染病的蛹，有的会逐渐变成黑褐色，之后变黑变软，内部腐烂；有的色泽不深，但是逐渐干枯死亡。所以，化蛹前的防病措施也十分重要。

三十一、影响蛹羽化的因素有哪些？

除了病害和外伤会造成黄粉虫蛹不能羽化或非正常

羽化外，羽化条件和环境也很重要。蛹期所需要的温湿度与幼虫期的要求基本相同，湿度过大会造成霉变；过于干燥，蛹壳上的脱裂线不容易打开，黄粉虫会僵死在蛹壳内，所以保证一定空气湿度有利于蛹的羽化。

虫蛹羽化的时间不一致，有的蛹会先于其他蛹羽化为成虫，如果没有及时将成虫挑出，其有可能取食其他蛹，造成很多残疾虫。简单的预防办法是，在蛹的上面放一些小纸条（宽约1厘米，长10～15厘米），为羽化的成虫提供活动场所，避免刚羽化的成虫接触并咬食其他虫蛹，也方便分离成虫。

三十二、黄粉虫产卵箱如何收卵？

收取虫卵主要应注意预防成虫吃卵，用纱网隔离是有效的方法。为了方便卵的移动和搬运，需在集卵饲料下面垫一张纸，产卵箱从上到下层次分布为：成虫—纱网—集卵饲料—卵纸—养虫箱底。养虫箱和纱网的四侧边板的内侧边必须有塑料贴膜或光滑材料，防止虫爬出。

饲料的厚度一般在0.5厘米，纱网一定要接触到饲料，但二者之间不能有压力，应该是自然轻轻地接触。

三十三、黄粉虫成虫产卵期有哪些注意事项？

黄粉虫成虫产卵期怕光、怕震动，尤其怕突然的惊扰。成虫产卵期如果环境条件不适宜或经常使虫受到惊吓，严重影响交尾及产卵量，乃至影响产量。成虫产卵环境应该是黑暗避光的。黄粉虫不怕噪声，影响交尾和产卵的最大因素是震动。

有的养殖户在成虫产卵期经常观察。必要的观察是对的，但是，观察时一定要注意动作要轻。突然进入的光线、风和震动都要尽量避免。

三十四、如何处理黄粉虫幼虫蜕皮？

黄粉虫表皮含有大量的几丁聚糖，几丁聚糖是一种良好的保健品原料，也常应用于医药和农业领域。黄粉虫幼虫一生蜕皮 12～25 次，蜕皮次数取决于生活环境。在养殖过程中经常可见到养虫箱中出现一层蜕皮，可以用风吹、筛簸的方法分离。建议养殖户将虫蜕皮收存起来，待有企业收购时售出。

三十五、运输黄粉虫时有哪些注意事项？

春夏季运输活虫有很多弊端。室外气温在 22℃以上时不适宜长途运输黄粉虫活虫。由于运输中黄粉虫受到长时间惊扰，不断地蠕动，幼虫之间摩擦生热会快速提高养虫箱内的温度。运输中箱内温度提高到 31℃以上，对黄粉虫会有很大的伤害。有的虫受到高温伤害后数天内仍不表现明显症状，之后逐渐表现为失去活性、停止取食，直至死亡。

夏季运输活虫是黄粉虫养殖之大忌。低气温季节也要注意，在虫箱内加 30%以上的虫粪，可以有效地起到降温作用。

水分的摄取对于黄粉虫的生长发育有着至关重要的

作用。运输前提前饲喂含水饲料或青饲料,使体内储藏一定量的水分,由于虫体体表有外骨骼,可以减少水分散失,即使运输环境湿度较小,短时间内对虫体的活性不会有较大影响。反之,如果湿度较大,在活虫运输过程中,就必须设法保证一定的通风量,在最适温度时,运输箱内的空气相对湿度不要大于75%。

三十六、如何恢复黄粉虫野生性状?

在一定条件下模拟黄粉虫在仓库里的自然环境,任其在自然状态下生长繁殖,数代以后,便可得到逐渐恢复野生种质的黄粉虫。方法如下:

取一个20升的塑料水桶,内装小麦3千克、玉米糁3千克,再选择活性好的黄粉虫幼虫500条投放桶内。任虫在塑料桶内自然生长、化蛹、羽化、自然交尾产卵。不要干扰虫活动,不要筛除虫粪,遇酷热及干燥天气时,可以每周饲喂少量菜叶1次,但必须在当天挑出没有吃完的菜叶。冬季不要加温,让其自然越冬,夏季放置在阴凉的地方。如此任其繁殖生长3年以上,存活的虫具有很好的活性和抗病能力,作为虫种具有较好的生长和繁殖性能。

三十七、如何处理积压的黄粉虫?

对于积压的成熟黄粉虫幼虫,应该及时处理,活虫卖不出可以微波烘干保存。

有的养殖户在当年市场不好的情况下,将幼虫微波加工烘干，以塑料袋密封包装后，可以保存到第二年出售。但是一定要预防过夏时温度过高使虫变质。

三十八、幼虫密度与温度之间有什么关系？

黄粉虫是变温动物，温度在幼虫的生长发育过程中是决定性限制因子。它的生长发育必须从环境摄取一定热量才能够完成某一阶段的发育，这个发育阶段所需要的总热量是一个常数，称为有效积温。幼虫密度是影响黄粉虫生长发育环境温度的一个重要因素。黄粉虫最适温区是22～31℃，虽然可以耐受34℃的高温，但死亡率会增加，生长期会变短，长度在2.6厘米以下时就会化蛹。但当环境温度在33℃时，黄粉虫就开始出现成批死亡现象，这是因为黄粉虫幼虫密度较大时，由于虫体不断运动，虫与虫之间相互摩擦生热，可使局部温度升高2～5℃，达到致死温度，出现死亡现象。这时必须尽快减小虫口密度，减少虫间摩擦，加强散热。当然，如果是在冬季，就可以适当增加黄粉虫的虫口密度，从而利用虫体间的摩擦，提高内部温度，促进生长。因此，充分认识幼虫密度与温度之间的关系，可降低虫体的死亡率，促进生产。

三十九、养殖场空气卫生如何控制？

黄粉虫养殖规模化，一方面提高了产量，另一方面也会产生大量的虫粪。如果筛除不及时，虫粪在一定湿度下腐败分解，会产生恶臭物质。同时，干燥的虫粪携带大量病原微生物，在清扫养殖场时，细小虫粪颗粒会进入空气，形成气源传播。养殖场的有害气体的成分较复杂，其中有一些并无臭味甚至具有芳香味，但对黄粉虫有刺激性和毒性。浓度较高时，可以在短时间内对虫体造成毒害；在低浓度长期作用下，也会引起黄粉虫生产性能下降，发病率增高，甚至引起死亡。所以，在加强通风的同时，应该及时筛除虫粪。另外，在养殖场场址选择、规划时，就应该按照常年主风向和地势合理设计与规划虫粪处理区，并在贮粪场建设遮雨棚，且贮粪场地势应高出周围地面30厘米，防止虫粪堆积受潮产生恶臭气体。另外，在养殖场区进行绿化也可有效降低臭气的浓度。

参考文献

[1] 陈重光,陈彤. 黄粉虫养殖与利用 [M]. 2版. 北京:金盾出版社,2012.

[2] 徐任民. 以食为天 [M]. 西安:世界图书出版公司,1997.

[3] 文礼章. 墨西哥食用昆虫简介 [J]. 昆虫知识,1997,34(5).

[4] 雷朝亮,钟菊珍. 关于昆虫资源利用之设想 [J]. 昆虫知识,1995,32(5).

[5] 杨冠煌. 中国昆虫资源利用和产业化 [M]. 北京:中国农业出版社,1998.

[6] 川村亮. 食品分析与实验法 [M]. 北京:轻工业出版社,1986.

[7] 金国. 食品营养卫生学 [M]. 北京:中国商业出版社,1987.

[8] 陈炳卿. 营养与食品卫生学 [M]. 北京:人民出版社,1985.

[9] 赵养昌. 中国经济动物志(4)鞘翅目,拟步甲科 [M]. 北京:科学技术出版社,1963.

[10] 王延年，郑忠庆，等. 昆虫人工饲料手册[M]. 上海：上海科学技术出版社，1984.

[11] 王振林，陈彤，等. 不同加工方法制作的黄粉虫粉食用安全性研究[J]. 西北农学报，1998，7（5）.

[12] 上海第一医学院. 食品毒理[M]. 北京：人民卫生出版社，1978.

[13] 武汉医学院. 营养与食品卫生学[M]. 北京：人民卫生出版社，1981.

[14] 文礼章. 食用昆虫学原理与应用[M]. 长沙：湖南科学技术出版社，1981.

[15] 陈耀溪. 仓库害虫[M]. 北京：中国农业出版社，1984.

[16] 赵养昌. 中国仓库害虫[M]. 北京：科学出版社，1966.

[17] 佘锐萍. 养殖生产实用消毒技术[M]. 2004.

[18] 陈荣，陈重光，王振林. 黄粉虫油对烫伤大鼠创面愈合作用疗效的实验分析[J]. 中国新技术新产品，2011，21.